"十四五"普通高等院校工程教育创新系列教材

新工科建设·电类相关专业新形态教材

# 可编程逻辑器件与 Verilog HDL 语言

—— 李洪涛　陆星宇　赵　航　康广荃·编著 ——

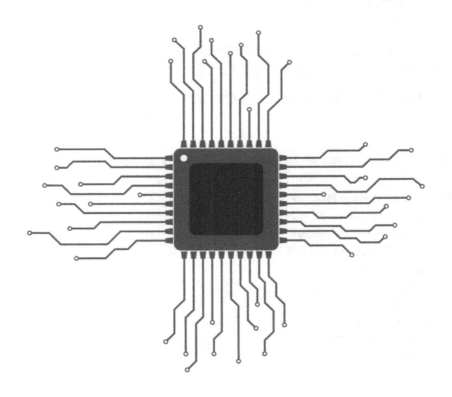

◎ 基于国产芯片　◎ 详解理论方法
◎ 精选应用案例　◎ 注重软硬结合

东南大学出版社

·南京·

## 内 容 简 介

本书系统介绍了可编程逻辑器件的基础知识、Verilog HDL 语法知识、利用 Verilog HDL 语言开发 FPGA 的方法和技巧，以及 FPGA 在雷达、通信系统中的设计及应用等。全书内容主要包括 Verilog HDL 语法基础，紫光同创公司可编程器件的基本结构，利用 Verilog HDL 语言开发 FPGA 电路的方法及技巧，FPGA 在数字信号处理系统中的应用以及 FPGA 在雷达、通信信号处理系统中的应用等。

本书第 1 章到第 4 章介绍了 Verilog HDL 语法基础知识和 FPGA 的开发流程，第 5 章介绍 FPGA 在数字信号处理系统中的应用，适合初学者学习；第 6 章介绍了 FPGA 在雷达、通信信号处理系统中的应用以及开发实例，可供工程应用人员参考。

本书取材适当、内容丰富、结构合理、图文并茂，便于实施系统教学。本书可以作为高等工科院校电类专业的教学用书，也可作为自学和工程技术人员的参考用书。

**图书在版编目(CIP)数据**

可编程逻辑器件与 Verilog HDL 语言 / 李洪涛等编著
. —南京：东南大学出版社，2023.8
ISBN 978 - 7 - 5766 - 0738 - 3

Ⅰ.①可… Ⅱ.①李… Ⅲ.①可编程序逻辑阵列②VHDL 语言—程序设计 Ⅳ.①TP332.1②TP301.2

中国国家版本馆 CIP 数据核字(2023)第 074931 号

责任编辑：姜晓乐　责任校对：韩小亮　封面设计：王　玥　责任印制：周荣虎

**可编程逻辑器件与 Verilog HDL 语言**
Kebiancheng Luoji Qijian Yu Verilog HDL Yuyan

编　　著：李洪涛　陆星宇　赵　航　康广荃
出版发行：东南大学出版社
出 版 人：白云飞
社　　址：南京市四牌楼 2 号
经　　销：全国各地新华书店
印　　刷：广东虎彩云印刷有限公司
开　　本：787 mm×1092 mm　1/16
印　　张：12.75
字　　数：285 千
版　　次：2023 年 8 月第 1 版
印　　次：2023 年 8 月第 1 次印刷
书　　号：ISBN 978 - 7 - 5766 - 0738 - 3
定　　价：46.00 元

# 前言(一)

时过境迁,距离本书作者第一次接触 FPGA 已经过去接近二十年了,回想起第一次在实验室接触 FPGA,EDA 软件中的短短几句 HDL 语言,就可以实现不同的数字逻辑功能,那种惊奇感,至今难忘!在这二十年中,作者经历了入职国内最大的上市通信公司——中兴通信股份有限公司,再从中兴离职去攻读南京理工大学的博士学位,从博士毕业到留校任教等一系列变化!至今非常感谢在中兴通信工作的那段时光,在中兴通信南京研发中心——这座被中兴内部人士称为中兴的"黄埔军校"中,有幸结识了强鹏辉、范延伟、曾敏等同事,也学到了先进的 FPGA 设计理念,对中国通信事业的发展也有了更新的认识。

在南京理工大学任教期间,发生了中兴被罚款、华为被制裁等一系列事件,使作者深刻地感受到落后就要挨打,和平永远停留在"大炮"射程范围内的真谛。"手中没有剑,和有剑不用,不是一回事",只有科技的强大才是一个国家真正的强大!

回想起二十年前,FPGA 三分天下,美国公司、美国公司还是美国公司,直到今时今日,国产 FPGA 总算破土而出了,紫光同创、高云半导体、复旦微电子……,虽不够强大,但足以自保。

"路漫漫其修远兮,吾将上下而求索",在追求科技真理的道路上,永远没有止境。

谨以此书,献给献身于国家科技事业的科学工作者们!

作　者

2022 年 12 月于南京

# 前言（二）

本书系统地介绍了 Verilog HDL 语法知识、可编程器件的基础知识、利用 Verilog HDL 语言开发 FPGA 的方法和技巧，以及 FPGA 在雷达、通信系统中的设计及应用等。全书共分为 6 章。第 1 章介绍可编程器件的结构特点、基本设计方法和设计流程，三种硬件描述语言 Verilog HDL，System Verilog 与 VHDL 的特点与区别等内容。第 2 章介绍 Verilog HDL 语法的基础知识，提出从"硬件"的角度理解 HDL 语言的思想。第 3 章介绍紫光同创公司的 CPLD、FPGA 的结构，以及 CPLD 与 FPGA 应用的区别与联系。第 4 章介绍作者通过多年 FPGA 开发经验总结而来的设计准则与开发技巧，包括同步电路与异步电路的设计，时钟电路、复位电路的设计，逻辑设计中的竞争、冒险以及亚稳态等"临界"设计，针对复杂时序接口电路的有限状态机的设计，应用于大规模 FPGA 开发的模块化设计等，并提出针对 FPGA 设计中最重要的两个设计指标"速度"与"资源"的优化设计准则。第 5 章介绍 FPGA 在数字信号处理系统中的应用，包括数的实现，加减法、乘法的实现等，对数字信号处理系统中 DSP＋FPGA 的构架进行了详细的介绍，并给出了数字信号处理中最常用的 FIR 以及 IIR 滤波器的设计实例，最后介绍紫光同创公司的数字信号处理 IP 核的开发与应用。第 6 章介绍 FPGA 在雷达、通信信号处理系统中的应用，重点介绍几种常用雷达、通信信号处理算法的具体设计方法，对算法的 Matlab 与 ModelSim 仿真图进行了对比，这些设计均来自具体的工程项目，包括相关器与匹配滤波器的设计、MTD 算法的设计以及 CFAR 算法的设计等实例，具有较强的工程应用价值。

在本书的撰写过程中，作者得到了紫光同创何波、党永、易侨侨等的大力支持与帮助，他们提供了许多技术资料和技术支持；得到了南京理工大学电子工程与光电技术学院的各位领导、老师和同事们的支持；得到了三江学院电子系领导的关心与帮助。刘伟勋、孙昊原、吴梦琦、沈立民、沈毅、庞博、陈吉、徐克、田宇轩、严华斌等硕士研究生在搜集资料、文章编排和校对方面做了大量工作。在此向以上提到的所有人员表示衷心的感谢。

本书的第 2、4、5 章内容由李洪涛撰写，第 1 章内容由赵航撰写，第 3 章内容由康广荃、陆星宇撰写，第 6 章内容由陆星宇撰写。李洪涛和陆星宇分别对全书进行了统稿和校对。

本书可作为从事 FPGA、数字信号处理、雷达、通信系统等相关研究的设计研究人员使用,同时也可以作为高校自动化、电子信息、信号处理、雷达、通信系统等相关专业的本科生、研究生的教材或者参考资料。

  技术的发展是无止尽的,本书只是着重讲述了原理、概念以及基本的设计方法。希望本书能够为广大技术爱好者和从事 FPGA、雷达信号处理的专业人士提供开拓创新的铺路石。由于时间仓促,加上作者水平有限,书中难免有不妥甚至错误之处,希望各位读者与同行批评指正。

作 者

2022 年 12 月于南京

# 目　　录

# 第 **1** 章　绪论

本章主要介绍 EDA 技术、可编程逻辑器件以及硬件描述语言的发展历程及其特点。详细描述了可编程器件的设计流程，以及 Verilog HDL、VHDL 与 System Verilog 三种硬件描述语言的特点、区别及联系。

## 1.1　EDA 技术和可编程逻辑器件的发展

可编程逻辑器件的发展离不开 EDA 技术和 ASIC 设计方法的支持，EDA 是电子设计自动化（Electronic Design Automation）的简称，ASIC 是专用集成电路（Application Specific Integrated Circuit）的简称。

### 1.1.1　EDA 技术发展概述

#### 1. EDA 技术概述

EDA 是指利用计算机完成电子系统的设计。EDA 技术是以计算机和微电子技术为先导，汇集了计算机图形学、拓扑学、逻辑学、微电子工艺与结构学和计算数学等多种计算机应用学科最新成果的先进技术。EDA 技术以计算机为工具，代替人完成数字系统的逻辑综合、布局布线和设计仿真等工作。

设计人员只需要完成对系统功能的描述，就可以运用计算机软件进行处理，得到设计结果，而且修改设计如同修改软件一样方便，这样可以极大地提高设计效率。从 20 世纪 60 年代中期开始，人们就不断开发出各种计算机辅助设计工具来帮助设计人员进行电子系统的设计。电路理论与半导体工艺水平的提高，对 EDA 技术的发展起到了巨大的推进作用，使 EDA 作用范围从印刷电路板（Printed Circuit Board，PCB）设计延伸到电子线路和集成电路设计，直至整个系统的设计，也使 IC 芯片系统应用、电路制作和整个电子系统生产过程都集成在一个环境之中。根据电子设计技术的发展特征，EDA 技术发展大致分为三个阶段：

（1）第一阶段——CAD 阶段（20 世纪 60 年代中期～20 世纪 80 年代初期）

第一阶段的特点是出现了一些单独的工具软件，主要有 PCB 布线设计、电路模拟、逻辑模拟及版图的绘制等软件。这些软件在计算机上的使用，将设计人员从大量烦琐重复的计算和绘图工作中解脱出来。例如，目前常用的 Protel 早期版本 Tango、用于电路模拟的 SPICE 软件和后来产品化的 IC 版图编辑与设计规则检查系统软件等，都是这个阶段

1

的产品。这个时期的 EDA 一般称为计算机辅助设计（Computer Aided Design，CAD）。

20 世纪 80 年代初，随着集成电路规模的增大，EDA 技术有了较快的发展。许多软件公司如 Mentor、Daisy System 及 Logic System 等进入市场，开始供应带电路图编辑工具和逻辑模拟工具的 EDA 软件。这个时期的软件主要针对产品开发，产品开发分为设计、分析、生产和测试等多个阶段，不同阶段分别使用不同的软件包，每个软件只能完成其中的一项工作，通过顺序循环使用这些软件包，可完成设计的全过程。但这样的设计过程存在两个方面的问题：第一，由于各个工具软件是由不同的公司和专家开发的，只解决一个领域的问题，若将一个工具软件的输出作为另一个工具软件的输入，就需要人工处理，过程很烦琐，会影响设计速度；第二，对于复杂电子系统的设计，当时的 EDA 工具由于缺乏系统级的设计考虑，不能提供系统级的仿真与综合，设计错误如果在开发后期才被发现，将给修改工作带来极大不便。

（2）第二阶段——CAE 阶段（20 世纪 80 年代初期～20 世纪 90 年代初期）

这一阶段在集成电路与电子设计方法学以及设计工具集成化方面取得了许多成果。各种设计工具（如原理图输入、编译与链接、逻辑模拟、测试码生成、版图自动布局等）以及各种单元库已齐全。由于采用了统一数据管理技术，因而能够将各个工具集成为一个计算机辅助工程（Computer Aided Engineering，CAE）系统。按照设计方法学制定的设计流程，可以实现从设计输入到版图输出的全程设计自动化。这个阶段主要采用基于单元库的半定制设计方法，采用门阵列和标准单元设计的各种 ASIC 得到了极大的发展，将集成电路工业推入了 ASIC 时代。多数系统中集成了 PCB 自动布局布线软件以及热特性、噪声、可靠性等分析软件，进而可以实现电子系统设计自动化。

（3）第三阶段——EDA 阶段（20 世纪 90 年代以来）

20 世纪 90 年代以来，微电子技术以惊人的速度发展，其工艺水平达到纳米级，在一个芯片上可集成数百万乃至上千万只晶体管，工作频率可达到吉赫兹。这为制造出规模更大、速度更快和信息容量更多的芯片系统提供了条件，但同时也对 EDA 系统提出了更高的要求，因而促进了 EDA 技术的发展。

此阶段主要出现了以高级描述语言、系统仿真与综合技术为特征的第三代 EDA 技术，该技术不仅极大地提高了系统的设计效率，而且使设计人员摆脱了大量的辅助性及基础性工作，使他们可以将精力集中于创造性的方案与概念的构思上。下面对这个阶段 EDA 技术的主要特征作简单介绍。

高层综合（High Level Synthesis，HLS）理论与方法取得较大进展，将 EDA 设计层次由 RTL 级提高到了系统级（又称行为级），并将其划分为逻辑综合和测试综合。逻辑综合就是对不同层次和不同形式的设计描述进行转换，通过综合算法，以具体的工艺实现高层目标所规定的优化设计。通过设计综合工具，可将电子系统的高层行为描述转换为底层硬件描述和确定的物理实现，使设计人员无需直接面对底层电路，不必了解具体的逻辑器件，从而能把精力集中到系统行为建模和算法设计上。测试综合是以测试设计结果的性能为目标，以电路的时序、功耗、电磁辐射和负载能力等性能指标为对象的综合方法。测试综合是保证电子系统设计结果稳定可靠的必要条件，也是对设计进行验证的有效方法，其典型工具有 Synopsys 公司的 Behavioral Compiler 以及 Mentor Graphics 公司的 Monet 和 Renoir。

采用硬件描述语言（Hardware Description Language，HDL）来描述 10 万门以上的设计，并逐渐形成了超高速集成电路硬件描述语言（Very High Speed Integrated Circuit HDL，VHDL）、Verilog HDL 与 System Verilog 三种硬件描述语言的标准。它们均支持不同层次的描述，使得复杂 IC 的描述规范化，便于传递、交流、保存与修改，也便于重复使用。它们多应用于可编程逻辑器件的设计中。大多数 EDA 软件都兼容这三种标准。

采用平面规划（Floorplaning）技术对逻辑综合和物理版图设计进行联合管理，做到在逻辑综合早期设计阶段就考虑到物理设计信息的影响。通过这些信息，设计者能更进一步进行综合与优化，并保证所做的修改只会提高性能而不会对版图设计带来负面影响。这在纳米级布线延时已成为主要延时的情况下，可提高设计的收敛性。Synopsys 和 Cadence 等公司的 EDA 系统中均采用了这项技术。

可测试性综合设计：随着 ASIC 的规模与复杂性的增加，测试难度与费用急剧上升，将可测试性电路结构制作在 ASIC 芯片上的想法由此产生，扫描插入、BIST（内建自测试）、边界扫描等可测试性设计工具被开发出来，并集成到 EDA 系统中。典型产品有 Compass 公司的 Test Assistant 和 Mentor Graphics 公司的 LBLST Architect、BSD Architect、DFT Advisor 等。

为带有嵌入式 IP 模块（IP Core）的 ASIC 设计提供软硬件协同系统设计工具。协同设计增强了硬件设计和软件设计流程之间的联系，保证了软硬件之间的同步协调工作。协同设计是当今系统集成的核心，它以高层系统设计为主导，以性能优化为目标，融合了逻辑综合、性能仿真、形式验证和可测试性设计，产品如 Mentor Graphics 公司的 Seamless CAV。

建立并行设计工程（Concurrent Engineering，CE）框架结构的集成化设计环境，以适应当今 ASIC 的特点：数字与模拟电路并存、硬件与软件设计并存、产品上市速度快。在这种集成化设计环境中，使用统一的数据管理系统与完善的通信管理系统，由若干相关的设计小组共享数据库和知识库，并行地进行设计，并且可以在各种平台之间平滑过渡。

EDA 的基本特征有：

（1）自顶向下的设计方法；

（2）硬件描述语言；

（3）逻辑综合优化；

（4）开放性和标准性。

从发展的过程看，EDA 技术一直滞后于制造工业的发展，它是在制造技术的驱动下不断地向前进步的。从长远看，EDA 技术将随着微电子技术、计算机技术的不断发展而发展。

全球 EDA 厂商有近百家之多，大体可分为两类：一类是 EDA 专业软件公司，较著名的有 Mentor Graphics、Cadence Design Systems、Synopsys Viewlogic Systems 和 Protel

等;另一类是半导体器件厂商,他们为了销售自己产品而开发了 EDA 工具,较著名的公司有 Xilinx、紫光同创等。EDA 专业软件公司独立于半导体器件厂商,推出的 EDA 系统具有较好的标准化和兼容性,也比较注意追求技术上的先进性,适合于进行学术性基础研究的单位使用。而半导体厂商开发的 EDA 工具,能针对自己器件的工艺特点做出优化设计,提高资源利用率,降低功耗,改善性能,比较适合于产品开发单位使用。在 EDA 技术发展策略上,EDA 专业软件公司面向应用,提供 IP Core 和相应的设计服务;而半导体厂商则采取三位一体的战略,在器件生产、设计服务和 IP Core 的提供上下功夫。

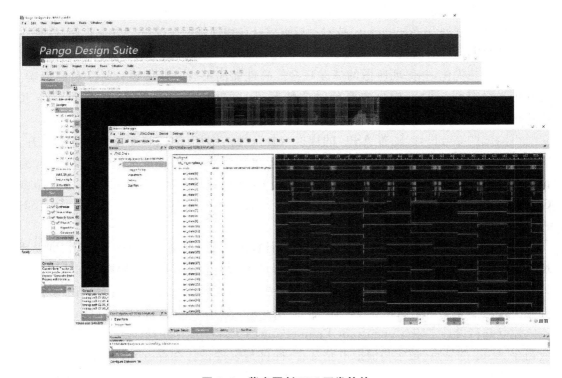

**图 1-1 紫光同创 PDS 开发软件**

### 2. EDA 发展历史

在 20 世纪 80 年代末,EDA 软件市场占有率最大的三大厂家——Synopsys、Cadence 和 Mentor Graphics 相继成立。

Mentor Graphics 公司创立于 1981 年,简称 Mentor,是 EDA 技术的领导厂商,它可以提供完整的软件和硬件设计解决方案,是全球三大 EDA 厂家之一。除 EDA 工具外,Mentor 还有很多助力汽车电子厂商的产品,包括嵌入式软件等。

Synopsys 成立于 1986 年,总部位于美国加利福尼亚州山景城,它为全球电子市场提供技术先进的 IC 设计与验证平台,致力于复杂的芯片上系统(SoCs)的开发。同时,Synopsys 公司还提供知识产权和设计服务,该服务能为客户简化设计过程,提高产品上市速度。

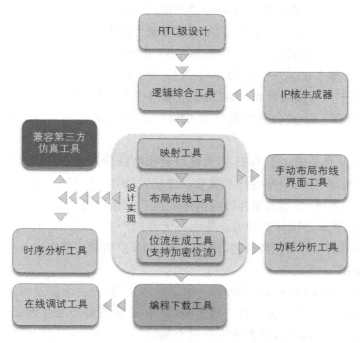

图 1-2　PDS 软件开发流程

Cadence 公司是一家专门从事 EDA 的软件公司,由 SDA Systems 和 ECAD 两家公司于 1988 年合并而成,是全球最大的电子设计技术、程序方案服务和设计服务供应商。其总部位于美国加州圣何塞,在全球各地设有销售办事处、设计及研发中心。其解决方案旨在提升和监控半导体、计算机系统、网络工程和电信设备、消费电子产品以及其他各类型电子产品的设计。产品涵盖了电子设计的整个流程,包括系统级设计,功能验证,IC 综合及布局布线,模拟、混合信号及射频 IC 设计,全定制集成电路设计,IC 物理验证,PCB 设计和硬件仿真建模等。

全球 EDA 市场基本被 Cadence、Synopsys、Mentor 三家美国公司垄断。同时,这三家 EDA 软件公司在中国 EDA 软件市场的份额达到了 80% 以上。

1984 年,时任电子工业部部长在《红旗》杂志撰文指出:"电子科学技术和电子工业门类繁多,面临的科研、试制、生产的任务很重,而国家的财力物力有限,百事待兴。这就要求我们从实际情况出发,坚持量力而行、突出重点,即在一定的发展阶段,确定有限目标,集中力量抓最重要的产品、最关键的技术,通过重点突破、带动全局,争取在有限投资的条件下取得最好的效益。在发展我国电子工业的战略部署上,近期、中期应该集中主要力量发展微电子工业和微型计算机工业,力争在"七五"期间建立微电子工业的基础,以加速军事电子装备、电子计算机、通信设备以及其他生产资料类重点产品的发展,加速这些产品向微电子技术基础转移,在新的技术基础之上实现电子工业综合协调发展。"

EDA 是微电子产业的一个重要组成部分,国内从 20 世纪 80 年代中后期开始,就投入 EDA 产业的研发当中。

我国于 1986 年开始研发具有自主知识产权的集成电路计算机辅助设计系统——熊猫系统,并于 1993 年推出首套国产 EDA 熊猫系统。随着国产 EDA 软件的出现,国外迅速放弃对华 EDA 软件的封锁,1995 年 Synopsys 公司率先进入中国市场。自此之后,国内 EDA 软件市场基本被国外三大 EDA 软件公司所垄断。

随着近年来中美对抗的加剧,国家对集成电路产业的重视提到了前所未有的高度,国产 EDA 软件迎来了一个黄金发展期,一大批国产 EDA 软件公司涌现出来。

(1)华大九天

华大九天的前身是成立于 1986 年的北京集成电路设计中心。该公司从研发国产熊猫 EDA 系统开始,经过几十年的技术积累,目前已在模拟和定制集成电路领域形成了相对完整的 EDA 工具链,虽然其整体性与国际主流厂家相比还有差距,但其在某些细分领域的解决方案,已经具有国际竞争力。华大九天是国产 EDA 公司中从业人数最多,本土耕耘历史最久的国产 EDA 软件公司,也是国产 EDA 公司的一面旗帜。

(2)国微集团

国微集团成立于 1993 年,是深圳第一家半导体公司,先后承接过国家集成电路 908/909 工程,于 2016 年在香港联交所主板上市,其业务覆盖安全芯片的设计和应用领域。国微集团于 2018 年获批国家重大科技专项子课题"芯片设计全流程 EDA 系统开发与应用",由此进入 EDA 产业,同年收购了思尔芯(S2C)公司,从而拥有 FPGA 原型验证技术,并通过参股深圳鸿芯微纳技术有限公司进入 EDA 后端布局布线领域。目前国微集团在原型验证和布局布线方面具备较强实力,是国内唯一一家在数字后端有成熟布局布线解决方案的国产 EDA 公司。"布局布线"的本质是要确定晶体管的摆放位置和晶体管之间的走线方案,属于后端设计的核心技术。国微集团目前在该关键技术上取得了一定突破。

(3)概伦电子

概伦电子于 2010 年在上海创立,其在北京、济南、上海、硅谷、新竹、首尔设有分支机构,该公司能够提供高端半导体器件建模、大规模高精度集成电路仿真和优化、低频噪声测试和一体化半导体参数测试解决方案,客户群体覆盖绝大多数国际知名的集成电路设计与制造公司。概伦电子致力于提升先进半导体工艺下高端芯片设计工具的效能,属于在国产 EDA 公司中少数的可以在某一细分领域上达到国际一流水准的公司。

(4)芯华章

芯华章成立于 2020 年 3 月,是国产本土 EDA 公司中相对年轻的一家企业。但其创始团队在 EDA 行业平均从业经验超过 15 年,起点较高。该公司集中了一批在数字集成电路前端设计与验证工具开发方面非常有经验的人才,是一家值得期待的国产 EDA 公司。该公司瞄准国内技术空白,市场容量最大,芯片设计成本占比最高的数字集成电路前端设计与验证领域。在已有的 EDA 技术人员和知识积累的基础上,计划利用人工智能、机器学习、大数据分析引擎从底层改造数字集成电路验证 EDA 技术,重塑数字 EDA 验证工具构架,逐步实现从 RTL 仿真到硬件加速的数字集成电路验证领域 EDA 工具全覆盖。

（5）全芯智造

全芯智造成立于 2019 年 9 月，由国际领先的 EDA 公司携国内知名资本和科研机构在中国联合注资成立，总部位于合肥，在上海和北京设有分公司，是一家服务于芯片制造产业的 EDA 公司，提供掩膜版的光学校准，解决先进工艺下短波长紫外光在光刻过程中的衍射失真问题等，计划从工艺级器件仿真技术和计算光刻技术入手，提升半导体制造业水平。

（6）奥卡思微电科技

奥卡思微电科技是一家从事静态仿真和形式化验证工具的公司。该公司位于成都，于 2018 年 3 月创立，创始团队曾在国际 EDA 公司从事静态验证工具的开发工作，如今该公司立足国内市场，从事逻辑静态验证 EDA 工具的产品研发，目前已经有产品面世。静态仿真和形式化验证是数字集成电路发展到极大规模以后提出的一种方法学，其目的是用静态分析的方法替代传统依靠随机生成测试向量的仿真方法。虽然近年来国际集成电路市场开始关注形式化验证技术，但容量和发现错误的效率还有待提高。加上缺乏其他的成套验证解决方案，单独的形式化验证点工具要被市场接受还需要时间。不过有消息称奥卡思微电科技的母公司已接受了大量投资，正在扩展全流程的验证方案来补齐短板。

（7）若贝电子

若贝电子是青岛唯一的 EDA 公司，其创始人曾就职于国际著名 FPGA 芯片公司，多年前辞职回国后创立了若贝电子。若贝电子从模块化设计输入入手，以模拟和定制芯片的原理图理念布局数字集成电路的设计输入，用可视化的图形界面展示数字逻辑的连接关系。然后通过内嵌的标准例化模块，生成可用于后续仿真的逻辑网表。这种设计方法便于更为直观地理解电路行为，对于新入行的工程师或新接触芯片设计的学生来说，可降低准入门槛，减少网表输入的低级错误。同时其软件具备仿真功能，可以完成逻辑仿真。若贝的优势在于设计输入与代码生成环节，但在其他环节上的实力还有所欠缺。

（8）行芯科技

行芯科技总部位于杭州，在上海拥有研发中心，由几位归国博士创立，致力于集成电路设计后端的功耗分析、EDA 工具的研发和国产迭代。行芯科技目前已经有内部演示产品，计划为数字和模拟集成电路的动态功耗分析、电源完整性、电迁徙、电压降等电源网络上的可靠性问题提供国产 EDA 分析工具。对时序、功耗、可靠性进行分析是芯片制造前的必要检查环节，也是保证芯片"品质"的基石。如果不能对这些电气特性进行有效和可信的分析，所设计出的芯片可能会存在过热、功耗过高以及稳定性不足等问题。尤其是现代集成电路已进入纳米级工艺，这些仿真的重要性进一步凸显。

（9）芯禾科技

芯禾科技总部位于苏州，在苏州和上海均有研发团队和市场服务团队。芯禾科技成立于 2010 年,至今已有 10 余年的技术和市场积累,主要从事射频集成电路、封装与无源器件的 EDA 工具与设计流程开发,研究高频/射频等集成电路与 PCB 的高速仿真解决方案,如 S 参数的处理与分析、传输线和电缆的高频建模、射频芯片的电感提取、封装模型高速仿真的 EDA 工具,同时承接 SiP(系统级封装)的设计服务。由此可见,芯禾科技的 EDA 工具虽然也是面向模拟仿真,但有自己的特色。对于射频集成电路这一类"特定的模拟电路",其仿真方法和设计方法有所不同。芯禾科技的产品很好地弥补了国内空白。

(10)武汉九同方

武汉九同方是一家位于湖北的国产 EDA 公司,其正在研发的教学类 EDA 工具主要集中于模拟和定制集成电路的前端晶体管仿真,同时也提供高频和射频集成电路前端频域仿真工具,目前能够提供包括原理图输入、晶体管仿真、电磁场仿真的 EDA 工具,无源器件的建模等,其主要客户群体为高校在校学生,湖北本地多所高校都已经导入了九同方的教学软件 EDA 平台,并且该公司在高校竞赛中表现活跃。

(11)杭州广立微

杭州广立微成立于 2003 年,是较早进入芯片成品率与良率分析 EDA 工具领域的国产 EDA 公司。经过二十年的技术积累与产品开发,目前能够提供芯片测试所需要的软硬件产品和系统,为业界提供芯片测试解决方案,并且为测试数据提供分析和定位服务,在提升芯片的成品率,降低芯片成本,提高芯片的市场竞争力方面做出了突出贡献,广立微目前的产品包括测试图形生成、芯片测试、数据提取与分析等多个封测阶段的 EDA 工具。

## 1.1.2 可编程逻辑器件发展历史

当今社会是数字化社会,数字集成电路应用非常广泛,其发展从电子管、晶体管、SSI、MSI、LSI、VLSI 到超大规模集成电路(ULSI)和超位集成电路(GSI),其规模几乎平均每两年翻一番。集成电路的进步大大促进了 EDA 技术的进步,先进的 EDA 已从传统的"自下而上"的设计方法改变为"自上而下"的设计方法。

专用系统集成电路(ASIC)是一种带有逻辑处理功能的加速处理器。简单地说,ASIC 就是用硬件逻辑电路实现软件的功能。使用 ASIC 可用专用的硬件实现一些原来由 CPU 完成的通用工作,从而在性能上获得突破性的提高。

现代 ASIC 的设计与制造,已不再完全由半导体厂商独立承担,系统设计师在实验室就可以设计出合适的 ASIC 芯片,并且将其立即投入实际应用之中,这都得益于可编程逻辑器件(Programmable Logic Device,PLD)的出现。现在应用最广泛的 PLD 主要是现场可编程门阵列(Field Programmable Gate Array,FPGA)和复杂可编程逻辑器件(Complex Programmable Logic Device,CPLD)。ASIC 是专门为某一应用领域或某一专用用户而设计制造的 LSI 或 VLSI 电路,具有体积小、质量轻、功耗低和高性能、高可靠性、高保密性等优点。ASIC 的分类如图 1-3 所示。

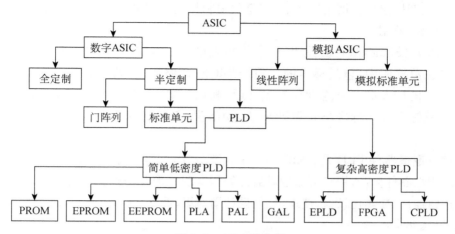

**图 1-3　ASIC 的分类**

## 1. 模拟 ASIC

除目前传统的运算放大器、功率放大器等电路外,模拟 ASIC 由线性阵列和模拟标准单元组成。与数字 ASIC 相比,它的发展还相当缓慢,原因是对于模拟电路的频带宽度、精度、增益和动态范围等参数暂时还没有一个最佳的办法对其加以描述和控制。但模拟 ASIC 具有减少芯片面积,提高性能,降低费用,扩大功能,降低功耗,提高可靠性,缩短开发周期等诸多优点,因此其发展也势在必行。科学的发展要求系统具有高精度、宽频带、大动态范围的增益和频带实时可变等性能,因此在技术上要求采用数字和模拟混合的 ASIC,以提高整个电子系统的可靠性。目前,生产厂家可提供由线性阵列和标准单元构成的运算放大器、比较器、振荡器、无源器件和开关电容滤波器等产品,对标准单元的简单修改仅需几小时,新单元设计只需几天,同电路相匹配的最佳电阻、电容值在几小时内即可获得,并且阵列的使用率可达 100%。

## 2. 数字 ASIC

(1) 全定制(Full custom design approach)ASIC

全定制 ASIC 的各层掩膜都是按特定电路功能专门制造的,设计人员从晶体管的版图尺寸、位置和互连线开始设计,以达到芯片面积利用率高、速度快、功耗低的最优化性能。设计全定制 ASIC,要求设计人员不仅具有丰富的半导体材料和工艺技术知识,还要具有完整的系统和电路设计的工程经验。全定制 ASIC 的设计费用高、周期长,比较适用于大批量的 ASIC 产品,如彩电中的专用芯片等。

(2) 半定制(Semi custom design approach)ASIC

半定制 ASIC 是一种约束型设计方法,它在芯片上制作好一些具有通用性的单元元件和元件组的半成品硬件,用户仅需考虑电路逻辑功能和各功能模块之间的合理连接即可。这种设计方法灵活方便、性价比高,缩短了设计周期,提高了成品率。半定制 ASIC 包括门阵列、标准单元和可编程逻辑器件三种。

门阵列(Gate array)是按传统阵列和组合阵列在硅片上制成标准逻辑门,它是不封装的半成品,生产厂家可根据用户要求,在掩膜中制作出互连的图案(码点),最后将其封装为成品,再提供给用户。

标准单元(Standard cell)是 IC 厂家将预先设置好、经过测试且具有一定功能的逻辑块存储在数据库中,包括标准的 TTL、CMOS、存储器、微处理器及 I/O 电路的专用单元阵列。设计人员在电路设计完成之后,利用 CAD 工具在版图一级完成与电路一一对应的最终设计。标准单元设计灵活,功能强,但设计和制造周期较长,开发费用也较高。

可编程逻辑器件 PLD 是 ASIC 的一个重要分支,它是一种半定制电路,厂家将其作为一种通用性器件生产,用户可通过对器件编程实现所需要的逻辑功能。PLD 是用户可配置的逻辑器件,成本比较低,使用灵活,设计周期短,可靠性高,风险小,因而很快得到普遍应用,发展非常迅速。

PLD 从 20 世纪 70 年代发展到现在,已经形成了许多种类的产品,其结构、工艺、集成度、速度和性能都在不断改进和提高。PLD 又可分为简单低密度 PLD 和复杂高密度 PLD。最早的 PLD 是 1970 年制成的 PROM(Programmable Read Only Memory),即可编程只读存储器,它由固定的与阵列和可编程的或阵列组成。PROM 采用熔丝工艺编程,只能写一次,不能擦除和重写。随着技术的发展,此后又出现了紫外线可擦除只读存储器、电可擦除只读存储器,由于它们价格低、易于编程、速度低、适合于存储函数和数据表格,因此主要用作存储器。典型的 EPROM 芯片型号有 2716、2732 等。

可编程逻辑阵列(Programmable Logic Array,PLA)于 20 世纪 70 年代中期出现,它由可编程的与阵列和可编程的或阵列组成,但由于器件的资源利用率低、价格较贵、编程复杂、支持 PLA 的开发软件有一定难度,因而没有得到广泛应用。

可编程阵列逻辑(Programmable Array Logic,PAL)器件是美国 MMI 公司(单片存储器公司)于 1977 年率先推出的,它由可编程的与阵列和固定的或阵列组成,采用熔丝编程方式、双极性工艺制造,器件的工作速度很高。由于它的输出结构种类很多,设计很灵活,因而成为第一种得到普遍应用的可编程逻辑器件,如 PAL16L8。

通用阵列逻辑(Generic Array Logic,GAL)器件是 1985 年发明的可电擦写、可重复编程、可设置加密位的 PLD。GAL 在 PAL 基础上,采用了输出逻辑宏单元形式 $E^2$CMOS 工艺结构。具有代表性的 GAL 芯片有 GAL16V8 和 GAL20V8,这两种 GAL 几乎能够对所有类型的 PAL 器件进行仿真。在实际应用中,GAL 器件对 PAL 器件仿真具有百分之百的兼容性,所以 GAL 几乎完全代替了 PAL 器件,并可以取代大部分 SSI、MSI 数字集成电路,如标准的 54/74 系列器件,因而获得广泛应用。

PAL 和 GAL 都属于简单 PLD,它们结构简单,设计灵活,对开发软件的要求低,但其规模小,难以实现复杂的逻辑功能。随着技术的发展,简单 PLD 在集成密度和性能方面的局限性也暴露出来,其寄存器、I/O 引脚、时钟资源的数目有限,没有内部互连,因此包括 CPLD 和 FPGA 在内的复杂 PLD 迅速发展起来,并向着高密度、高速度、低功耗以及结构体系更灵活、适用范围更宽广的方向发展。

可擦除可编程逻辑器件(Erasable PLD，EPLD)是 20 世纪 80 年代中期推出的基于 UVEPROM 和 CMOS 技术的 PLD，后来发展到采用 $E^2CMOS$ 工艺制作的 PLD。EPLD 基本逻辑单元是宏单元。

宏单元由可编程的与或阵列、可编程寄存器和可编程 I/O 模块三部分组成。从某种意义上讲，EPLD 是改进的 GAL。它在 GAL 基础上大量增加输出宏单元的数目，提供更大的与阵列，灵活性较 GAL 有较大改善，集成密度大幅度提高，内部连线相对固定，延时小，有利于器件在高频率下工作，但其内部互连能力十分弱。世界著名的半导体器件公司如 Xilinx 等均有 EPLD 产品，但不同产品的结构差异较大。

复杂可编程逻辑器件(Complex PLD，CPLD)是在 20 世纪 80 年代末在线可编程( In System Programmability，ISP)技术被提出之后，于 20 世纪 90 年代初出现的。CPLD 是在 EPLD 的基础上发展起来的，它是采用 $E^2CMOS$ 工艺制作的。与 EPLD 相比，CPLD 增加了内部连线，对逻辑宏单元和 I/O 单元也有重大的改进。CPLD 至少包含三种结构：可编程逻辑宏单元、可编程 I/O 单元、可编程内部连线。部分 CPLD 器件内部还集成了单端口 RAM、FIFO 或双端口 RAM 等存储器，以适应信号处理应用设计的要求。其典型器件有 Xilinx 的 9500 系列和 AMD 的 MACH 系列。现场可编程门阵列(Field Programmable Gate Array，FPGA)器件是 Xilinx 公司于 1985 年首先推出的，它是一种新型的高密度 PLD，采用 CMOS-SRAM 工艺制作。FPGA 的结构与门阵列 PLD 不同，其内部由许多独立的可编程逻辑模块(CLB)组成，逻辑模块之间可以灵活地相互连接。FPGA 的结构一般分为三部分：可编程逻辑模块、可编程 I/O 模块和可编程内部连线。CLB 的功能很强，不仅能够实现逻辑函数，还可以配置成 RAM 等复杂的形式。配置数据存放在片内的 SRAM 或者熔丝图上，基于 SRAM 的 FPGA 器件工作前需要从芯片外部加载配置数据。配置数据也可以存储在片外的 $E^2PROM$ 或者计算机上，设计人员可以控制加载过程，在现场修改器件的逻辑功能，即所谓现场可编程。FPGA 受到电子设计工程师的普遍欢迎，发展十分迅速。Xilinx、紫光同创等公司提供了丰富的高性能 FPGA 芯片。

世界各著名半导体器件公司，如 Xilinx、紫光同创等公司均可提供不同类型的 CPLD、FPGA 产品，如图 1-4 和图 1-5 所示。众多公司的竞争促进了可编程集成电路技术的提高，使其性能不断改善，产品日益丰富，价格逐步下降。

图 1-4　紫光同创 Titanic 系列 FPGA 芯片

图 1-5　紫光同创 Compact 系列 CPLD 芯片

Altera 公司于 2004 年推出首款 MAX Ⅱ 系列 CPLD,其采用 FPGA 内嵌 $E^2$PROM 的结构,既解决了 CPLD 内部逻辑资源有限,仅能处理简单逻辑的问题,又解决了 FPGA 需要由外部 $E^2$PROM 加载下载文件导致启动时间过长的缺陷,因而一经问世,便得到了广泛的应用。Xilinx 公司紧随其后,推出了类似的 Spartan 3AN 系列 CPLD;国内紫光同创公司推出的 Compact 系列 CPLD 器件同样具有非常优良的性能表现。

可以预计可编程逻辑器件将在结构、密度、功能、速度和性能等方面得到进一步发展,结合 EDA 技术,PLD 将在现代电子系统设计中得到非常广泛的应用。

### 1.1.3 FPGA 的发展近况

**1. 国外发展状况**

自 Xilinx 的联合创始人 Ross Freeman 于 1984 年发明 FPGA 以来,这种极具灵活性的、动态可配置的产品就成了很多产品设计的首选。FPGA 的存在,使某些具有挑战性的设计变得更为简单。随着芯片技术的发展,FPGA 的作用愈发重要,诸多厂商也开始投入 FPGA 的研发之中,国内公司也跃跃欲试,现已经出现了不少的 FPGA 生产厂家。

全球主要 FPGA 芯片生产厂商中,最被人们熟知的就是 Xilinx 和 Altera 两家巨头,紧排其后的是 Lattice 公司。

Xilinx 公司作为全球 FPGA 市场份额最大的公司,其发展动态往往也代表着整个 FPGA 行业的动态,Xilinx 每年都会在赛灵思开发者大会(XDF)上发布和提供一些新技术,很多 FPGA 领域的最新概念和应用都是由 Xilinx 公司率先提出并实践,其高端系列的 FPGA 几乎达到了垄断的地位,是目前当之无愧的 FPGA 业界老大。2022 年 2 月 14 日,AMD 实现了对 Xilinx 的收购。

Altera 公司于 1983 年成立于美国加州,是世界上"可编程芯片系统"(SOPC)解决方案倡导者,Altera 公司于 2015 年被 Intel 以 167 亿美元收购,其长期位居全球 FPGA 市场份额的第二位。

Lattice 公司以其低功耗产品著称,市场份额在全球 FPGA 市场中排名第三,iPhone7 手机内部搭载的 FPGA 芯片就是 Lattice 公司的产品。Lattice 公司是目前唯一一家在中国有研发部的外国 FPGA 厂商。

**2. 国内发展状况**

国外 FPGA 三巨头占据 90% 的全球市场,FPGA 市场呈现双寡头垄断格局,Xilinx 和 Altera 分别占据全球市场的 56% 和 31%,在中国的 FPGA 市场中,其占比也分别高达 52% 和 28%,而目前国内厂商生产的高端产品在硬件性能指标上均与上面提到的三家 FPGA 巨头有较大差距,国产 FPGA 厂商暂时落后。

国产 FPGA 厂商目前在中国市场占比约 4%,主要有:紫光同创、高云半导体、上海复旦微电子、京微齐力和安路信息科技。

(1)紫光同创

深圳市紫光同创电子有限公司(简称紫光同创)专业从事可编程系统平台芯片及其配

套 EDA 开发工具的研发与销售,致力于为客户提供完善的、具有自主知识产权的可编程逻辑器件平台和系统解决方案。目前,紫光同创的 FPGA 有三个产品家族:Titan 家族高性能 FPGA、Logos 家族高性价比 FPGA 和 Compa 家族 CPLD 产品,产品覆盖通信、网络安全、工业控制、汽车电子、消费电子等应用领域,是国产 FPGA 厂商中产品线种类最齐全、覆盖范围最广的一家公司。

紫光同创是国内最先推出自主知识产权 180K 逻辑规模器件的厂商。紫光同创已成功完成 13.1 Gb/s SerDes 测试片的流片验证,突破了高速 SerDes 研发关键技术,并开始进行 32.75 Gb/s 超高速 SerDes 的研发。

紫光同创产品性能领先、技术服务领先、供货能力稳定,具有丰富的 IP 和解决方案,目前已形成了覆盖高中低端的各类 FPGA 产品。后续,将持续完善 55 nm、40 nm、28 nm 产品系列,完成国内中低端 FPGA 国产化目标,并且将进一步加快新工艺、新技术的研究和突破,推出更高端的产品,满足国内高中低端全系列产品国产化需求。

（2）高云半导体

广东高云半导体科技股份有限公司成立于 2014 年 1 月,总部位于广州黄埔区科学城总部经济区,是一家拥有百分百独立自主知识产权,致力于可编程逻辑芯片（FPGA）产品的国产化,可提供集设计、软件、IP 核、参考设计、开发板、定制服务等一体化完整解决方案的国家高新技术企业。高云半导体公司目前已经完成 55 nm 制程 FPGA 13 个种类 100 多款封装产品的研发和量产,2022 年推出 22 nm 系列产品。

高云半导体公司于 2018 年获得中国 IC 设计成就奖——"五大最具潜力 IC 设计公司奖";2019 年获得中国 IC 设计成就奖——年度最佳 FPGA/处理器"GW1NS2-QN32";2020 年 6 月,产品再获 2020 年度中国 IC 设计成就奖——年度最佳 FPGA/处理器"GW1NRF-LV4B-QFN48";2020 年 11 月,获 2020 年硬核中国芯最佳国产 EDA 产品奖——高云云源软件逻辑综合工具 GowinSynthesis1.9.6。

图 1-6　高云半导体公司晨熙二代系列 FPGA 芯片

（3）上海复旦微电子

上海复旦微电子集团股份有限公司（以下简称复旦微电子）于 1998 年 7 月 16 日由复

旦大学"专用集成电路与系统国家重点实验室"、上海商业投资公司出资成立,是一家从事超大规模集成电路的设计、开发、测试,并为客户提供系统解决方案的专业公司。公司现已形成了可编程逻辑器件、安全与识别产品、非挥发存储器(NVM)、智能电表、专用模拟电路五大产品和技术发展系列,是国内从事超大规模集成电路设计、开发和提供系统解决方案的专业公司。复旦微电子于 2000 年在香港创业板上市,成为国内集成电路设计行业的第一家上市企业,并于 2014 年转至香港主板。

复旦微电子的可编程逻辑器件产品研发能力在国内处于领先地位,在工业控制、信号处理、智能计算等领域得到了国内客户的广泛关注,在 28 nm 工艺 FPGA 与 PSOC 的研发上居于国内第一梯队,复旦微电子集团也是目前国内唯一一家面向市场正式提供 PSOC 产品的企业。

复旦微电子自 1998 年成立至今,在可编程逻辑器件方面,通过近二十年的开发,结合民用领域积累的丰富设计经验,复旦微电子逐步形成了可编程逻辑器件、中央处理器、SerDes 高速接口、DDR3、DSP 等关键设计技术,大规模 FPGA、PSOC 测试技术、可靠性技术,构建了高可靠、低功耗、高速 FPGA 和 PSOC 相关研制平台与生产体系,相关产品年销售额已达上亿元。

(4)京微齐力

京微齐力(北京)科技有限公司成立于 2017 年 6 月,是国内最早进入自主研发、规模生产、批量销售通用 FPGA 芯片及新一代异构可编程计算芯片的企业之一。公司拥有超200 件专利,具备独立完整的自主知识产权,涵盖 FPGA 内核设计、SOC 架构设计、芯片开发、EDA 软件开发、IP 开发与集成等全栈技术领域。

京微齐力将 FPGA 与 CPU、MCU、Memory、ASIC、AI 等多种异构单元集成在同一芯片上,芯片具有可编程、自重构、易扩展、广适用、多集成、高可靠、强算力、长周期等特点,为用户提供高性价比的系统解决方案。市场涵盖国家通信、工业、安防、电力、医疗、消费等核心基础设施。目前,公司产品在 65 nm、55 nm、40 nm 工艺节点上全面实现量产,22 nm 产品从 2022 年开始规模量产。

(5)安路信息科技

上海安路信息科技有限公司创立于 2011 年 11 月,是国内领先的集成电路设计企业。公司具备 FPGA 芯片硬件和 FPGA 编译软件的自主研发能力,专注于通用可编程逻辑芯片技术及系统解决方案的研究。公司于 2021 年在上交所科创板成功上市,成为 A 股首家专注于 FPGA 业务的上市公司。公司根植本土,面向世界,旨在改变行业格局,成为全球可编程逻辑器件一流的供应商。

公司出品的 SALPHOENIX® 高性能产品系列、SALEAGLE® 高效率产品系列、SALELF® 低功耗产品系列以及 SALSWIFT® 系统芯片系列 FPSoC®,被成功应用于工业控制、消费电子、医疗设备、网络通信等领域。

## 1.2 可编程逻辑器件设计流程简介

### 1.2.1 基本设计方法

1.2

**1. 传统硬件电路设计方法**

在 EDA 技术出现以前，人们采用传统的硬件电路设计方法来设计系统。传统的硬件电路采用自下而上(Bottom-Up)的设计方法。其主要步骤是：根据系统对硬件的要求，详细编制技术规格书，并画出系统控制流图；然后根据技术规格书和系统控制流图，对系统的功能进行分化，合理地划分功能模块，并画出系统功能框图；接着进行各功能模块的细化和电路设计；各功能模块电路设计调试完毕以后，将各功能模块的硬件电路连接起来，再进行系统的调试；最后完成整个系统的硬件电路设计。如一个系统中，其中一个功能模块是一个十进制计数器，设计的第一步是选择逻辑元器件，由数字电路的知识可知，可以用与非门、或非门、D 触发器、JK 触发器等基本逻辑元器件来构成一个计数器。设计人员根据电路尽可能简单、价格合理、购买和使用方便的原则及各自的习惯来选择元器件。第二步是进行电路设计，画出状态转移图，写出触发器的真值表，按逻辑函数将元器件连接起来，这样计数器模块就设计完成了。系统的其他模块也照此方法进行设计，在所有硬件模块设计完成后，再将各模块连接起来进行调试，如有问题则进行局部修改，直至系统调试完毕。

从上述过程可以看到，系统硬件的设计是从选择具体逻辑元器件开始的，用这些元器件搭接逻辑电路，完成系统各独立功能模块的设计，然后再将各功能模块连接起来，完成整个系统的硬件设计。上述过程从最底层设计开始，到最高层设计完毕，故将这种设计方法称为自下而上的设计方法。

传统自下而上的硬件电路设计方法主要特征如下：

采用通用的逻辑元器件。设计者根据需要，选择市场上能买得到的元器件，如54/74 系列逻辑芯片，来构成所需要的逻辑电路。随着微处理器的出现，系统的部分硬件电路功能可以用软件来实现，这在很大程度上简化了系统硬件电路的设计。但是，选择通用的元器件来构成系统硬件电路的方法并未改变，仍是在系统硬件设计的后期进行仿真和调试。仿真和调试时选用的仪器一般为系统仿真器、逻辑分析仪和示波器等。由于系统设计时存在的问题只有在后期才能较容易被发现，一旦考虑不周，系统设计存在缺陷，就得重新设计系统，使得设计费用和周期大大增加。

在设计调试完毕后，形成的硬件设计文件主要是由若干幅电路原理图构成的。在电路原理图中详细标注了各逻辑元器件的名称和相互间的信号连接关系。该文件是用户使用和维护系统的依据。如果是小系统，这种电路原理图只要几十幅或几百幅，但是如果系统很复杂，那么就可能需要几千幅、几万幅甚至几十万幅。如此多的电路原理图给归档、阅读、修改和使用都带来了极大的不便。传统的自下而上的硬件电路设计方法已经沿用了几十年，随着计算机技术、大规模集成电路技术的发展，这种设计方法已落后于当今技术的发展。因此一种崭新的自上而下的设计方法随之兴起,它为硬件电路设计带来一次重大的变革。

**2. 新兴的 EDA 硬件电路设计方法**

20 世纪 80 年代初,在硬件电路设计中开始采用 CAD 技术,最初仅仅是利用计算机软件来实现印刷板的布线,后来慢慢实现了插件板级规模电子电路的设计与仿真。

在此期间,最有代表性的设计工具是 Tango 和早期的 OrCAD。它们的出现,使电子电路设计和印刷板布线工艺实现了自动化,但这只能算是自下而上的设计方法。随着大规模专用集成电路的开发和研制,为提高开发效率和增加已有开发成果的可继承性,以及缩短开发时间,各种新兴 EDA 工具开始出现,特别是 HDL 语言的出现,使得传统硬件电路设计方法发生了巨大的变革,新兴的 EDA 设计采用自上而下(Top-Down)的设计方法,即从系统总体要求出发,自上而下地逐步将设计内容细化,最后完成系统硬件的整体设计。

各公司的 EDA 工具基本上都支持两种标准的 HDL,分别是 VHDL 和 Verilog HDL。利用 HDL 语言对系统硬件电路的自上而下设计一般分为 3 个层次,如图 1-7 所示。

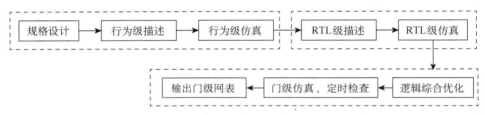

**图 1-7　自上而下设计系统硬件的过程**

第一层是行为级描述,它是对整个系统的数学模型的描述。一般来说,对系统进行行为描述的目的是试图在系统设计的初始阶段,通过对系统行为描述的仿真来发现系统设计中存在的问题。在行为描述阶段,并不真正考虑其实际的操作和算法用什么方法来实现,考虑更多的是系统的结构及其工作过程是否能达到系统设计规格书的要求,其设计与器件工艺无关。

第二层是寄存器传输级(Register Transfer Level,RTL)描述。用第一层次行为级描述的系统结构程序是很难直接映射到具体逻辑元件结构的,要想得到硬件的具体实现,必须将行为方式描述的 HDL 程序,针对某一特定的逻辑综合工具,采用 RTL 方式描述,然后导出系统的逻辑表达式,再用仿真工具对 RTL 方式描述的程序进行仿真。如果仿真通过,就可以利用逻辑综合工具进行综合。

第三层是逻辑综合。利用逻辑综合工具,将 RTL 方式描述的程序转换成用基本逻辑元件表示的文件(门级网络表),也可将综合结果以逻辑原理图方式输出,也就是说逻辑综合结果相当于人工设计硬件电路时的系统逻辑电路原理图。此后再在门电路级上对逻辑综合结果进行验证,并检定定时关系。如果满足要求,那么系统的硬件设计基本结束;如果在某一层上发现问题,就应返回上一层,寻找和修改相应的错误,然后再向下继续未完的工作。由逻辑综合工具产生门级网络表后,在最终完成硬件设计时,还可以有两种选择:一种是由自动布线程序将网络表转换成相应的 ASIC 芯片的制造工艺,实现 ASIC 芯片定制;第二种是将网络表转换成相应的 PLD 编程数据,利用 PLD 完成硬件电路的设计。

EDA 自上而下的设计方法具有以下主要特点:

(1)电路设计更趋合理

硬件设计人员在设计硬件电路时使用 PLD 器件,可自行设计所需的专用功能模块,而无需受通用元器件的限制,从而使电路设计更趋合理,其体积和功耗也可大为缩小。

(2)采用系统级仿真

在自上而下的设计过程中,每级都进行仿真,从而可以在系统设计早期发现设计存在的问题,这样就可以大大缩短系统的设计周期,降低费用。

(3)降低硬件电路设计难度

在使用传统的硬件电路设计方法时,往往要求设计人员在设计电路前写出该电路的逻辑表达式和真值表(或时序电路的状态表),然后进行化简。这项工作是相当困难和繁杂的,特别是在设计复杂系统时,工作量大且易出错,如采用 HDL 语言,就可省略编写逻辑表达式或真值表的过程,使设计难度大幅下降,从而也缩短了设计周期。

(4)主要设计文件是用 HDL 语言编写的源程序

在传统的硬件电路设计中,最后形成的主要文件是电路原理图,而采用 HDL 语言设计系统硬件电路时,主要的设计文件是用 HDL 语言编写的源程序。如果需要,也可将 HDL 语言编写的源程序转换成电路原理图形式输出。用 HDL 语言编写的源程序作为归档文件有很多好处:一是资料量小,便于保存;二是可继承性好,当设计其他硬件电路时,可以使用文件中的源程序;三是阅读方便,阅读程序很容易看出某一硬件电路的工作原理和逻辑关系,而阅读电路原理图,推知其工作原理则需要较多的硬件知识和经验。

## 1.2.2  可编程逻辑器件设计流程

可编程逻辑器件的设计是指利用 EDA 开发软件和编程工具对器件进行开发的过程。可编程逻辑器件的设计流程如图 1-8 所示,它包括设计准备、设计输入、功能仿真、综合优化及布局布线、时序仿真、器件编程及器件测试等 7 个步骤。

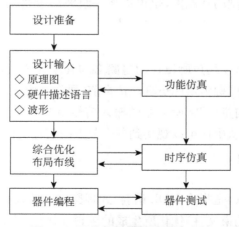

图 1-8  可编程逻辑器件设计流程

**1. 设计准备**

在系统设计之前,首先要进行方案论证、系统设计和器件选择等准备工作。设计人员根据任务要求,如系统的功能和复杂度,对工作速度和器件本身的资源、成本及连线等方面进行权衡,选择合适的设计方案和合适的器件类型。

**2. 设计输入**

设计人员将所设计的系统或电路以开发软件要求的某种形式表示出来,并送入计算机的过程称为设计输入。设计输入通常有以下几种形式:

（1）原理图输入方式

原理图输入方式是一种最直接的设计描述方式,要设计什么,就从软件系统提供的元件库中调出来,画出原理图,这样比较符合人们的习惯。这种方式要求设计人员有丰富的电路知识,并对可编程逻辑器件的结构比较熟悉。其主要优点是容易实现仿真,便于信号的观察和电路的调整;缺点是效率低,特别是当产品有所改动,需要选用另外一个公司的可编程逻辑器件时,就需要重新输入原理图。

（2）硬件描述语言输入方式

硬件描述语言是用文本方式描述设计。硬件描述语言主要有 VHDL 和 Verilog HDL 两个 IEEE 标准。其突出优点是:硬件描述语言与工艺无关,可使设计人员在系统设计、逻辑验证阶段便确立方案;硬件描述语言具有公开可利用性,便于实现大规模系统的设计;硬件描述语言具有很强的逻辑描述和仿真功能,且输入效率高,在不同的设计输入库间的转换非常方便;利用硬件描述语言可以在底层电路和可编程逻辑器件结构未知的情况下,进行电路设计。

（3）波形输入方式

波形输入方式的设计主要是建立和编辑波形设计文件,以及输入仿真向量和功能测试向量。波形输入方式适用于时序逻辑和有重复性的逻辑函数。系统软件可以根据用户定义的输入/输出波形自动生成逻辑关系。波形编辑功能还允许设计人员对波形进行拷贝、剪切、粘贴、重复与伸展,从而可利用内部节点、触发器和状态机建立设计文件,并将波形进行组合,显示各种进制的状态值,也可以将一组波形重叠到另一组波形上,对两组仿真结果进行比较。

**3. 功能仿真**

功能仿真也叫前仿真。用户所设计的电路必须在编译之前进行逻辑功能验证,此时的仿真没有延时信息,因此称为功能仿真。仿真前,要先利用波形编辑器或硬件描述语言等建立波形文件和测试向量(即将所关心的输入信号组合成序列),仿真结果以报告文件和信号波形的形式呈现,从中便可以观察到各个节点的信号变化。如果发现错误,则返回设计输入中修改逻辑设计。

**4. 综合优化**

综合优化(Synthesize)是指将 HDL 语言、原理图输入等设计输入翻译成基本逻辑单元,并根据目标与要求(约束文件)优化所生成的逻辑连接(网表),最后输出 edf 或 edn 等标准格式的网表文件,供布局布线器进行实现。

### 5．布局和布线

布局和布线工作是在上面的设计工作完成后由软件自动完成的,它以最优的方式对逻辑元件布局,并准确地实现元件间的互联。布局布线后软件自动生成报告,提供有关设计中各部分资源的使用情况等信息。

### 6．时序仿真

时序仿真又称后仿真。由于不同器件的内部延时不一样,不同的布局布线方式对延时的影响也不同,因此在综合优化和布局布线以后,需要对系统和各模块进行时序仿真,分析其时序关系,估计设计的性能,以及检查和消除竞争冒险等设计风险。

### 7．器件编程测试

时序仿真完成后,可对器件进行编程以及测试。

器件编程需要满足一定的条件,如编程电压、编程时序和编程算法等。普通的EPLD/CPLD 器件和一次性编程的 FPGA 需要专用的编程器完成器件的编程工作。基于 SRAM 的 FPGA 可以由 EPROM 或其他存储体进行配置。在线可编程的 PLD 器件不需要专门的编程器,只需一根编程下载电缆就可以。对于支持 JTAG 技术,且具有边界扫描测试(Boundary Scan Testing,BST)能力和在线编程能力的器件来说,测试起来更加方便。

## 1.3　硬件描述语言 HDL

1.3

随着 EDA 技术的发展,使用 HDL 语言设计电路已经成为一种趋势。HDL 语言是一种用形式化方法来描述数字电路和设计数字逻辑系统的语言,主要用来描述离散电子系统的结构和行为。HDL 语言从 1962 年诞生以来,已逐步发展成为用于描述复杂设计的语言,与软件描述语言(Software Description Language)的发展类似,HDL 语言经历了从机器码(晶体管和焊接)到汇编语言(网表)再到高等语言(HDL 语言)的一系列过程。

目前最主要的 HDL 语言有 VHDL、Verilog HDL 以及 System Verilog。

### 1.3.1　VHDL 简介

VHDL 的英文全名是 Very-High-Speed Integrated Circuit Hardware Description Language,VHDL 诞生于 1982 年。1987 年底,VHDL 被 IEEE 和美国国防部确认为标准硬件描述语言。自 IEEE 公布了 VHDL 的标准版本——IEEE-1076(简称 87 版)之后,各EDA 公司相继推出了自己的 VHDL 设计环境,或宣布自己的设计工具可以和 VHDL 接口。此后 VHDL 在电子设计领域被广泛接受,并逐步取代了原有的非标准的硬件描述语言。1993 年 IEEE 对 VHDL 进行了修订,从更高的抽象层次和系统描述能力上扩展VHDL 的内容,公布了新版本的 VHDL,即 IEEE 标准的 1076—1993 版本(简称 93 版)。

现在 VHDL 和 Verilog HDL 作为 IEEE 的工业标准硬件描述语言,得到了众多 EDA 公司的支持,在电子工程领域,已成为事实上的通用硬件描述语言。有专家认为 VHDL 与 Verilog HDL 语言将承担大部分的数字系统设计任务。

VHDL 主要用于描述数字系统的结构、行为、功能和接口。除了含有许多具有硬件特征的语句外,VHDL 的语言形式、描述风格与句法都十分类似于一般的计算机高级语言。VHDL 的程序结构特点是将一项工程设计或设计实体(可以是一个元件、一个电路模块或一个系统)分成外部(或可视部分或端口)和内部(或不可视部分,涉及实体的内部功能和算法完成部分)。在对一个设计实体定义了外部界面后,一旦其内部开发完成,其他的设计就可以直接调用这个实体。这种将设计实体分成内外部分的概念是 VHDL 系统设计的基本特点。应用 VHDL 进行工程设计的优点是多方面的:

(1) 与其他的硬件描述语言相比,VHDL 具有更强的行为描述能力,从而决定了其能成为系统设计领域最佳的硬件描述语言之一。

(2) 强大的行为描述能力是避开具体的器件结构,从逻辑行为上描述和设计大规模电子系统的重要保证。

(3) VHDL 丰富的仿真语句和库函数,使得在任何大系统的设计早期就能查验设计系统的功能可行性,可随时对设计进行仿真模拟。

(4) VHDL 语句的行为描述能力和结构决定了它具有支持大规模设计的分解和已有设计的再利用功能。

对于用 VHDL 完成的一个确定的设计,可以利用 EDA 工具进行逻辑综合和优化,并自动地把 VHDL 描述设计转变成门级网表。

VHDL 对设计的描述具有相对独立性,设计者可以不懂硬件的结构,也不必关心最终设计实现的目标器件是什么,可以进行独立的设计。

### 1.3.2　Verilog HDL 简介

Verilog HDL 是在应用最广泛的 C 语言的基础上发展起来的一种硬件描述语言,它是由 GDA(Gateway Design Automation)公司的 Phil Moorby 在 1983 年末首创的,Moorby 最初只设计了一个仿真与验证工具,之后又陆续开发了相关的故障模拟与时序分析工具。1985 年 Moorby 推出 Verilog HDL 的第三个商用仿真器 Verilog-XL,获得了巨大的成功,从而使得 Verilog HDL 迅速得到推广应用。1989 年 CADENCE 公司收购了 GDA 公司,使得 Verilog HDL 成为该公司的独家专利。1990 年 CADENCE 公司公开发表了 Verilog HDL,并成立 OVI 组织以促进 Verilog HDL 成为 IEEE 标准,即 IEEE Standard 1364—1995。图 1-9 展示了 Verilog HDL 的发展历史。

Verilog HDL 的最大特点就是易学易用,如果有 C 语言的编程经验,可以在一个较短的时间内学习和掌握 Verilog HDL,因而可把 Verilog HDL 内容安排在与 ASIC(专用集成电路)设计等相关的课程内部进行讲授,由于 HDL 语言本身是专门面向硬件与系统设计的,这样的安排可使学习者同时获得设计实际电路的经验。与 Verilog HDL 相比,

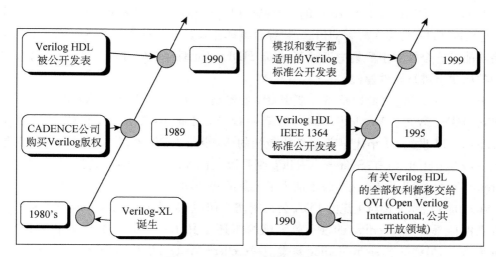

**图 1-9　Verilog HDL 的发展历史**

VHDL 的学习要困难一些。但 Verilog HDL 较自由的语法,也容易使初学者犯错误。

从语法结构上看,Verilog HDL 语言与 C 语言有许多相似之处,它继承和借鉴了 C 语言的许多操作符和语法结构。下面列出 Verilog HDL 硬件描述语言的一些主要特点:

(1) 可形式化地表示电路结构和行为。可借用高级语言的结构和语句,例如条件语句、赋值语句和循环语句等,既简化了电路的设计,又方便设计人员的学习和使用。

(2) 可在多个层次上对所设计的系统加以描述,从开关级、门级、寄存器级到功能级和系统级,都可以进行描述。设计的规模可以是任意的,语言不对设计的规模加以限制。

(3) Verilog HDL 具有混合建模能力,即在一个设计中各个模块可以在不同设计层次上建模和进行描述。

(4) 基本逻辑门,例如 and、or 和 nand 等都内置在语言中;开关级结构模型,例如 pmos 和 nmos 等,也内置在语言中,用户可以直接调用。

(5) 用户定义原语(UDP)创建的灵活性。用户定义的原语既可以是组合逻辑原语,也可以是时序逻辑原语。Verilog HDL 还具有内置逻辑函数。

据有关文献报道,目前在美国使用 Verilog HDL 进行设计的工程师大约有 60 000 人,全美国有 200 多所大学使用 Verilog HDL 语言的设计方法。在我国台湾地区几乎所有著名大学的电子和计算机工程系都讲授与 Verilog HDL 有关的课程。

### 1.3.3　System Verilog 简介

System Verilog 是一种相当新的语言,它建立在 Verilog HDL 语言的基础上,是 IEEE 1364 Verilog—2001 标准的扩展增强,兼容 Verilog 2001,将硬件描述语言与现代的高层级验证语言结合起来,成为下一代硬件设计和验证的语言。

2002 年 6 月,System Verilog 的主要部分以 Accellera* 标准发布,即 System Verilog 3.0,它允许 EDA 公司在现有的仿真器、综合编译器及其他工具中加入 System Verilog 的扩展功能。这个标准主要集中于对 Verilog HDL 的可综合结构进行扩展,它允许在更高的抽象层次上进行硬件建模。

System Verilog 之所以从 3.0 版开始,主要是为了强调 System Verilog 是第三代 Verilog HDL 语言。Verilog - 1995 是第一代 Verilog HDL 语言,它代表了由 Phil Moorby 在 20 世纪 80 年代早期定义的最初的 Verilog HDL 语言。Verilog—2001 是第二代 Verilog HDL 语言;System Verilog 则是第三代 Verilog HDL 语言。2003 年 5 月,System Verilog 3.1 发布,这个版本加入了大量的验证功能。

Accellera 组织通过与主流的 EDA 公司密切合作,不断对 System Verilog 3.1 标准进行改进以保证 System Verilog 的规范性。该组织还定义了一些附加的建模和验证结构。2004 年 5 月,最终的 System Verilog 草案被 Accellera 组织批准,称为 System Verilog 3.1a。

2004 年 6 月,在 System Verilog 3.1a 被批准之后,Accellera 组织把 System Verilog 标准捐赠给 Verilog—1364 标准的起草组织 IEEE。Accellera 组织与 IEEE 合作总结 System Verilog 相对于 Verilog 的扩展之处并将其标准化。2005 年 11 月,官方的 IEEE 1364—2005 标准正式对外公布。

System Verilog 结合了来自 Verilog HDL、VHDL 和 C++的概念,以及验证平台语言和断言语言,也就是说,它将硬件描述语言与现代的高层级验证语言结合了起来。使其对于当今进行高度复杂设计验证的验证工程师具有相当大的吸引力。

这在一个更高的抽象层次上提高了 System Verilog 设计建模的能力。System Verilog 主要定位在芯片的实现和验证流程上,它拥有芯片设计及验证工程师所需的全部结构,集成了面向对象编程、动态线程和线程间通信等特性,作为一种工业标准语言,System Verilog 全面综合了 RTL 设计、测试平台、断言和覆盖率,为系统级的设计及验证提供了强大的支持作用。

System Verilog 除了能作为一种高层次,能进行抽象建模的语言被应用外,它的另一个显著特点是它能够和芯片验证方法学结合在一起,即作为实现方法学的一种语言工具。使用验证方法学可以大大增强模块复用性,提高芯片开发效率,缩短开发周期。芯片验证方法学中比较著名的有:VMM、OVM、AVM 和 UVM 等。

System Verilog 是 Verilog HDL 语言的拓展和延伸。Verilog HDL 适合用于系统级、算法级、寄存器级、逻辑级、门级、电路开关级设计,而 System Verilog 更适合用于可重用的可综合 IP 和可重用的验证用 IP 设计,以及特大型基于 IP 的系统级设计和验证。

下面列出了 System Verilog 在硬件设计和验证方面优于 Verilog HDL 的部分。但没有列出所有的内容,只是列出了一些主要的有助于可综合硬件模型编写的关键特点:

(1) 设计内部有封装通信和协议检查的接口;

---

*:Accellera 是一个非商业组织,主要致力于支持 EDA 语言的使用和发展。

（2）有类似于 C 语言的数据类型，如 int；

（3）用户可自定义类型，使用 typedef；

（4）可以枚举类型；

（5）可以作类型转换；

（6）具有结构体和联合体；

（7）具有可被多个设计块共享的定义包（package）；

（8）具有外部编译单元区域（scope）声明；

（9）支持＋＋，－－，＋＝以及其他赋值操作；

（10）支持显式过程块；

（11）具有优先级（priority）和唯一（unique）修饰符；

（12）具有编程语句增强功能；

（13）具有通过引用传送到任务、函数和模块的功能。

## 1.3.4　HDL 语言之间的区别与联系

VHDL、Verilog HDL 和 System Verilog 都是用于逻辑设计的硬件描述语言，并且都已成为 IEEE 标准。VHDL 在 1987 年成为 IEEE 标准，Verilog HDL 则在 1995 年才正式成为 IEEE 标准，System Verilog 是 IEEE 1364 Verilog—2001 标准的扩展增强，兼容Verilog 2001。VHDL 之所以比 Verilog HDL 更早成为 IEEE 标准，是因为 VHDL 是美国军方组织开发的，而 Verilog HDL 则是从一个普通的民间公司的私有财产转化而来的，Verilog HDL 的优越性使其成为 IEEE 标准，因而具有更强的生命力。由于 System Verilog 是 Verilog HDL 的扩展版本，并兼容 Verilog HDL 语言，其优势在于支持更高层次的设计及验证，因此，后续分析主要以 Verilog HDL 与 VHDL 对比为主。

Verilog HDL 和 VHDL 作为描述硬件电路设计的语言，它们共同的特点在于：能形式化地抽象表示电路的结构和行为、支持逻辑设计中层次与领域的描述、可借用高级语言的精巧结构来简化电路的描述、具有电路仿真与验证机制以保证设计的正确性、支持电路描述由高层到低层的综合转换、硬件描述与实现工艺无关（有关工艺参数可通过语言提供的属性包括进去）、便于文档管理、易于理解和设计重用。

Verilog HDL 和 VHDL 又各有自己的特点。由于 Verilog HDL 早在 1983 年就已被推出，至今已有近四十年的应用历史，因而其拥有更广泛的设计群体，成熟的资源也远比VHDL 丰富。与 VHDL 相比 Verilog HDL 的最大优点是：它是一种非常容易掌握的硬件描述语言，初学者只要有 C 语言的编程基础，通过 20 学时的学习，再加上一段时间的实际操作，一般可在 2～3 个月内掌握这种设计技术。相对而言，掌握 VHDL 设计技术就比较困难，这是因为 VHDL 不是很直观，初学者需要有 Ada 编程基础，一般认为至少需要半年以上的专业培训，才能掌握 VHDL 的基本设计技术。目前版本的 Verilog HDL 与VHDL 在行为级抽象建模的覆盖范围方面也有所不同。一般认为 Verilog HDL 在系统级抽象方面比 VHDL 略差一些，而在门级开关电路描述方面比 VHDL 强得多。

图 1-10 是 Verilog HDL 和 VHDL 建模能力的比较图,读者可以参考理解。

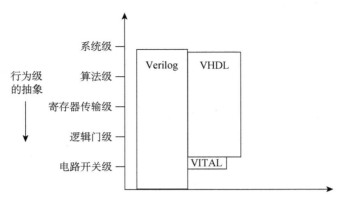

**图 1-10　Verilog HDL 与 VHDL 建模能力的比较**

这两种硬件描述语言一直处于不断完善的过程中,因此将 Verilog HDL 作为学习 HDL 设计方法的入门和基础是比较合适的。学习掌握 Verilog HDL 建模、仿真和综合技术不仅可对数字电路设计技术有更进一步的了解,而且可为以后更高级的系统综合打下坚实的基础。

System Verilog 作为 Verilog HDL 的扩展,综合了一些已验证过的硬件设计和验证语言的特性。这些拓展增强了 System Verilog 在 RTL 级、系统级以及结构级进行硬件建模的能力,以及增加了其验证模型功能的一系列丰富特性。

### 1.3.5　HDL 语言的选择

随着 EDA 技术的发展,使用硬件语言设计 CPLD/FPGA 成为一种趋势。目前最主要的硬件描述语言是 VHDL、Verilog HDL 及 System Verilog。VHDL 发展得较早,语法严格;而 Verilog HDL 是在 C 语言的基础上发展起来的一种硬件描述语言,语法较自由;System Verilog 可以看作是 Verilog HDL 的升级版本,它更接近 C 语言且支持多维数组。和 Verilog HDL 相比,VHDL 的书写规则和语法要求更严格,比如不同的数据类型之间不容许相互赋值而需要转换,初学者写的不规范代码一般编译时会报错;而 Verilog 则比较灵活,这在某些时候会导致综合的结果可能不是程序员想要的结果。EDA 界一直对在数字逻辑设计中究竟采用哪一种硬件描述语言争论不休,单就 VHDL 和 Verilog HDL 两者而言,目前的情况是两者的使用率不相上下。在美国,在高层逻辑电路设计领域 Verilog HDL 和 VHDL 的应用比率是 60% 和 40%,在我国台湾省其应用比率各为 50%。Verilog HDL 是专门为复杂数字逻辑电路和系统的设计仿真而开发的,本身就非常适合用于复杂数字逻辑电路和系统的仿真和综合,而且由于 Verilog HDL 在其门级描述的底层,也就是在晶体管开关的描述方面有比 VHDL 强得多的功能,所以即使是 VHDL 的设计环境,在底层实质上也是由 Verilog HDL 描述的器件库所支持的。另外,目前 Verilog HDL-A 标准还支持模拟电路的描述,

1998 年通过的 Verilog HDL 新标准把 Verilog HDL-A 并入 Verilog HDL 新标准,使其不仅支持数字逻辑电路的描述,还支持模拟电路的描述。因此,在混合信号电路系统的设计中,它必将会有更广泛的应用。在纳米 ASIC 和高密度 FPGA 已成为电子设计主流的今天,Verilog HDL 的发展前景是非常远大的。

表 1-1　三种语言的主要区别

| | Verilog HDL | VHDL | System Verilog |
|---|---|---|---|
| 语法结构 | 在 C 语言的基础上发展起来的一种硬件描述语言,语法较自由 | 发展得较早,语法严格 | 是 Verilog 的扩展,语法较 VHDL 相比相对自由 |
| 书写方式 | 书写自由,比较容易出错 | 书写规则比较烦琐,不易出错 | 书写较为自由,相对 VHDL 来说较易出错 |
| 适用环境 | Verilog HDL 语法更接近于硬件结构,所以较适用于系统级(Systm)、算法级(Alogrithm)、寄存器传输级(RTL)、逻辑级(Logic)、门级(Gate)、电路开关级(Switch)设计 | VHDL 适用于特大型(几百万门级以上)的系统级(System)设计 | System Verilog 全面综合了 RTL 设计、测试平台、断言和覆盖率,为系统级的设计及验证提供强大的支持 |
| 教材 | 关于 Verilog HDL 的参考书相对较少 | 从国内来看,VHDL 的参考书很多,查找资料方便 | System Verilog 的参考书相对较少 |
| 国外教学经验 | 国外电子专业很多在研究生阶段教授 Verilog HDL | 国外电子专业很多在本科阶段教授 VHDL | 国外电子专业教授 System Verilog 较少 |

**思考题**

1. 什么是硬件描述语言? 它的主要作用是什么?

2. 目前世界上符合 IEEE 标准的硬件描述语言有哪两种? 它们各自的特点是什么?

3. 什么情况下需要采用硬件描述语言的设计方法?

4. 采用硬件描述语言设计方法的优点是什么? 缺点是什么?

5. 简单叙述一下利用 EDA 工具并采用硬件描述语言(HDL)设计电路的设计方法和流程。

6. 硬件描述语言可以用哪两种方式参与复杂数字电路的设计?

7. 用硬件描述语言设计的数字系统需要经过哪些步骤才能与具体的电路相对应?

8. 为什么说用硬件描述语言设计的数字逻辑系统具有最大的灵活性,可以映射到任何工艺的电路上?

9. 简述 Top-Down 设计方法和硬件描述语言的关系。

# 第2章 Verilog HDL 语法基础

本章主要介绍 Verilog HDL 的语法知识,其中 2.1～2.9 节主要介绍可综合的 Verilog HDL 语法,2.10 节介绍不可综合与可综合语法的不同,以及不可综合语法在测试向量中的作用。

## 2.1 引言

Verilog HDL 是一种用于数字逻辑电路设计的语言。用 Verilog HDL 描述的电路设计就是该电路的 Verilog HDL 模型。Verilog HDL 既是一种行为描述语言也是一种结构描述语言。这就是说,既可以用电路的功能描述也可用元器件与它们之间连接的描述来建立所设计电路的 Verilog HDL 模型。Verilog HDL 模型可以是实际电路不同级别的抽象。这些抽象的级别与它们对应的模型类型共有以下 5 种:

(1) 系统级(System-level):用高级语言结构实现设计模块外部性能的模型。

(2) 算法级(Algorithm-level):用高级语言结构实现设计算法的模型。

(3) 寄存器传输级(Register Transfer Level,RTL):描述数据在寄存器之间流动与如何处理这些数据的模型。

(4) 门级(Gate-level):描述逻辑门与逻辑门之间连接的模型。

(5) 开关级(Switch-level):描述器件中三极管与储存节点以及它们之间连接的模型。

一个复杂电路系统的完整 Verilog HDL 模型是由若干个 Verilog HDL 模块构成的,每一个模块又可以由若干个子模块构成。其中有些模块需要综合成具体电路,有些模块只是与用户所设计的模块交互的现存电路或激励信号源。利用 Verilog HDL 语言结构所提供的这种功能可构造一个模块间的清晰层次结构来描述极其复杂的大型设计,并对所作设计的逻辑电路进行严格的验证。

Verilog HDL 行为描述语言作为一种结构化和过程性的语言,其语法结构非常适合于算法级和 RTL 级的模型设计。这种行为描述语言具有以下功能:

(1) 可描述顺序执行或并行执行的程序结构。

(2) 用延迟表达式或事件表达式来明确控制过程的启动时间。

(3) 通过命名的事件来触发其他过程里的激活行为或停止行为。

(4) 提供了 if、if-else、case 等循环程序结构。

(5) 提供了可带参数且非零延续时间的任务(Task)程序结构。

（6）提供了可定义新的操作符的函数结构（Function）。

（7）提供了用于建立表达式的算术运算符、逻辑运算符和位运算符。

Verilog HDL 语言作为一种结构化的语言非常适合于门级和开关级的模型设计。因其结构化的特点又使它具有以下功能：提供了一套完整的组合型原语（Primitive）；提供了双向通路的原语；可建立 MOS 器件的电荷分享和电荷衰减动态模型。

Verilog HDL 的构造性语句可以精确地建立信号的模型。这是因为在 Verilog HDL 中，提供了延迟和输出强度的原语来建立精确程度很高的信号模型。信号值可以有不同的强度，可以通过设定宽范围的模糊值来降低不确定条件的影响。

Verilog HDL 作为一种高级的硬件描述编程语言，有着类似 C 语言的风格。其中有许多语句，如 if 语句、case 语句等，与 C 语言中的对应语句十分相似。如果读者已掌握 C 语言编程的基础，那么学习 Verilog HDL 并不困难，只需对 Verilog HDL 某些语句的特殊方面着重理解，并加强上机练习就能很好地掌握它，可以利用它强大的功能来设计复杂的数字逻辑电路。下面将对 Verilog HDL 中的基本语法逐一加以介绍。

## 2.2　模块（Module）的概念

Verilog HDL 的基本设计单元是模块（Module）。

一个模块由两部分组成：一部分描述接口；一部分描述逻辑功能，即定义输入是如何影响输出的。

一个模块的基本语法如下：

```
module module_name(port_list);
    Declariations:
        input,output,inout,
        reg,wire,parameter,
        function,task,....
    Statements:
        Initial statements
        Always statements
        Continuous assignment
endmodule
```

说明部分（Declariations）用于定义不同的项，例如模块描述中使用的寄存器和参数、语句定义设计的功能和结构。说明部分和语句可以散布在模块中的任何地方；但是变量、寄存器、线网和参数等的说明部分必须在使用前出现。为了使模块描述清晰和具有良好的可读性，最好将所有的说明部分放在语句前。本书中的所有实例都遵守这一规范。

**【例 2.1】** 2 选 1 选择器。图 2-1 为一个 2 选 1 的选择器。
用 Verilog HDL 语言对该电路进行如下描述：

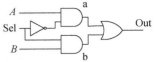

图 2-1　2 选 1 选择器

```
module mux_2_to_1(
    a     ,
    b     ,
    sel   ,
    out
    );                     //模块名称为 mux_2_to_1(端口列表 a,b,sel,out)
input    a   ;             //定义模块的输入端口 a
input    b   ;             //定义模块的输入端口 b
input    sel  ;            //定义模块的输入端口 sel
output   out  ;            //定义模块的输出端口 out
always@(a or b or sel)     //always 语句
begin
    if(sel= = 1'b0)
    begin
        out= a;
    end
    else
    begin
        out= b;
    end
end
endmodule
```

从上面的例子可知，电路图符号的引脚也就是程序模块的端口，在程序模块内描述了电路符号所实现的逻辑功能。在上面的 Verilog HDL 设计中，模块的 2～5 行说明了接口的信号流向，always 语句实现了模块的逻辑功能。

Verilog HDL 语法结构完全嵌在 module 和 endmodule 声明语句之间，每个 Verilog HDL 程序包含 4 个主要部分：端口定义、输入/输出(I/O)说明、信号类型声明和功能描述。

**1. 模块的端口定义**

模块的端口声明了模块的输入和输出。其格式如下：

module 模块名(端口 1,端口 2,端口 3,端口 4,…);

**2. 模块内容**

模块内容包括 I/O 说明、信号类型声明和功能描述。

（1）I/O 说明的格式如下：

输入接口：input 端口名 1,端口名 2,…,端口名 N；

输出接口：output 端口名 1,端口名 2,…,端口名 N；

输入/输出双向：inout 端口名 1,端口名 2,…,端口名 N；

I/O 说明也可以写在端口声明语句里。其格式如下：

module module-name(input port1,input port2,...,output port1,output port2,...);

（2）信号类型声明：说明逻辑描述中所用信号的数据类型。

如：reg[7:0]out;　　　//定义 out 的数据类型为 8 bit 的 reg(寄存器)型

对于端口信号的缺省定义类型为 wire(连线)型。

（3）功能描述：主要是描述电路所实现的功能。模块中最重要的部分是逻辑功能定义部分。有 3 种方法可在模块中描述逻辑功能。

① "assign"声明语句。

如：assign　a=b && c;

这种方法的语法很简单,只需书写一个关键字"assign",后面再加一个表达式即可。例子中的表达式描述了一个有两个输入的与门。

② 实例元件。

如：and　and_inst(.q(q),.a(a),.b(b));

采用实例元件的方法与在电路图输入方式下调入库元件一样,键入元件的名称和相连的引脚即可。本例表示在设计中用到一个实例名为 and_inst 的与门,其输入端为 a 和 b,输出为 q。要求每个实例元件的名称必须是唯一的,以避免与其他调用与门(and)的实例混淆。

③ "always"声明语句。

如：

```
always @(posedge clk or negedge reset)
begin
    if(~ reset)
    begin
      q<= 0;
    end
    else if(ena)
    begin
      q<= d;
    end
end
```

采用"assign"语句是描述组合逻辑最常用的方法之一。而"always"语句既可用于描述组合逻辑也可描述时序逻辑。上面的例子用"always"语句描述了一个带有异步清零端的 $D$ 触发器。"always"语句可用很多种描述手段来表达逻辑,例如上例中就用了 if-else 语句来表达逻辑关系。如按一定的风格来编写"always"语句,可通过综合工具把源代码自动综合成用门级结构表示的组合或时序逻辑电路。更为具体的描述格式见 2.8 节结构描述语句。

2.3

## 2.3 Verilog HDL 语法的一些基本要素

1. 标识符

Verilog HDL 中的标识符可以是任意一组字母、数字、$ 符号和_(下划线)符号的组合,但标识符的第一个字符必须是字母或者下划线。另外,标识符是区分大小写的。以下是标识符的几个例子:

```
DATA    data    //注意这两个标识符不一样
clock
reset_n
_local
```

Verilog HDL 定义了一系列保留字,叫做关键词,它仅用于某些上下文中。附录 A 列出了语法中的所有关键词。注意只有小写的关键词才是保留字。例如,标识符 always (这是个关键词)与标识符 ALWAYS(非关键词)是不同的。

2. 注释

在 Verilog HDL 中有两种形式的注释。

```
/*      第一种形式:可以扩展至
多行                        */
//      第二种形式:在本行结束
```

附录 A

3. 系统任务和函数

以 $ 字符开始的标识符表示系统任务或系统函数。任务提供了一种封装行为的机制,这种机制可在设计的不同部分被调用。任务可以返回 0 个或多个值。函数除只能返回一个值以外其他功能与任务相同。

```
$ display (" Welcome to NJUST" );
/* $display 系统任务显示"Welcome to NJUST"。*/
$ time
//该系统任务返回当前的模拟时间。
```

Verilog HDL 中还有很多系统任务和函数,读者有兴趣的话,请参阅具体的 Verilog

HDL 语法资料。

4. 编译指令

以'(反引号)开始的某些标识符是编译器指令。在用 Verilog HDL 语言编译时,特定的编译器指令在整个编译过程中有效(编译过程可跨越多个文件),直到遇到其他不同的编译程序指令。

完整的标准编译器指令如下:

- 'define, 'undef
- 'ifdef, 'else, 'endif
- 'default_nettype
- 'include
- 'resetall
- 'timescale
- 'unconnected_drive, 'nounconnected_drive
- 'celldefine, 'endcelldefine

由于编译指令很多,这里只简单介绍一下' define、' undef 以及' timescale 指令:

' define 指令用于文本替换,它很像 C 语言中的♯define 指令,如:

'define MAX _BUS_SIZE 32

...

reg ['MAX_BUS_SIZE- 1: 0] AddReg;

一旦' define 指令被编译,其在整个编译过程中都有效。例如,通过一个文件中的' define 指令,MAX_BUS_SIZE 能被多个文件使用。

' undef 指令用于取消前面定义的宏。例如:

' define WORD 16　　　　　//建立一个文本宏替代

...

wire ['WORD:1] Bus;

...

'undef　WORD　　　　　//在' undef 编译指令后,WORD 的宏定义不再有效

在 Verilog HDL 中,所有时延都用单位时间表述。使用' timescale 编译器指令将时间单位与实际时间相关联。该指令用于定义时延的单位和时延精度。' timescale 编译器指令的格式为:

'timescale time_unit/time_precision

time_unit 和 time_precision 由值 1、10、和 100 以及单位 s、ms、$\mu$s、ns、ps 和 fs 组成。例如:

'timescale 1ns/100ps

表示时延单位为 1 ns,时延精度为 100 ps。'timescale 编译器指令在模块说明外部出现,并且影响后面所有的时延值。

5. 格式

Verilog HDL 区分大小写,即大小写不同的标识符是不同的。此外,Verilog HDL 是自由书写格式,即结构可跨越多行编写,也可在一行内编写。空(新行、制表符和空格)没有特殊意义。下面通过具体例子解释说明。

**【例 2.2】** 跨行编写与一行编写的 Verilog HDL 语言示例

```
initial begin data = 3'b001; # 2 data = 3'b011; end。
```

与下面的指令效果一样:

```
initial
begin
    data = 3'b001;
    # 2
    data = 3'b011;
end
```

## 2.4 数据类型及常量、变量

2.4

Verilog HDL 语法中共有 19 种数据类型。数据类型是用来表示数字电路中数据存储和传送单元的。这里只介绍 3 种最基本的数据类型:parameter 型、reg 型以及 wire 型。其他数据类型有兴趣的读者可以查阅相关 Verilog HDL 语法参考书中的有关章节逐步掌握。其他的数据类型如下:large 型、medium 型、scalared 型、time 型、small 型、tri 型、trio型、tri1 型、triand 型、trior 型、trireg 型、vectored 型、wand 型、wor 型。这些数据类型除time 型外都与基本逻辑单元建库有关,与系统设计没有太大的关系。在一般电子设计自动化环境下,仿真用的基本部件库是由半导体厂家和 EDA 工具厂家共同提供的,系统设计工程师不必过多地关心门级和开关级 Verilog HDL 语法内容。

Verilog HDL 语言中也有常量和变量之分,它们分别属于上述类型。下面对常量和变量进行介绍。

### 2.4.1 常量

在 Verilog HDL 源代码中,数值一直保持不变的量称为常量。下面对 Verilog HDL 中使用的数字及其表示方式进行介绍。

1. 数字

(1) 整数

在 Verilog HDL 中,整数型常量有下面 4 种表示形式:

① 二进制表示（b 或 B）。

② 八进制表示（o 或 O）。

③ 十进制表示（d 或 D）。

④ 十六进制表示（h 或 H）。

数字表达方式有以下三种：

① ＜位宽＞＜进制＞＜数字＞，这是一种全面的描述方式。

② ＜进制＞＜数字＞，在这种描述方式中，数字的位宽采用缺省位宽（这由具体的机器系统决定，但至少 32 位）。

③ ＜数字＞，在这种描述方式中，采用缺省进制十进制。

本书提到的位宽如无特殊说明均指二进制的宽度。

【例 2.3】数的表示。

```
8'b01010000;            //位宽为 8 位的二进制数 01010000
12'h1fc;                //位宽为 12 位的十六进制数 1fc
```

可以使用下划线来分隔开数的表达式以提高程序的可读性。但不可以将下划线用在位宽和进制之间，只能用在具体的数字之间。

【例 2.4】数的格式。

```
16'b1010_1011_1111_1010   //合法格式
8'b_0011_1010             //非法格式
```

当常量不说明位数时，默认值是 32 位，每个字母用 8 位的 ASCII 值表示。

（2）x 和 z

x 表示不定值，z 表示高阻值。每个字符代表的位宽取决于所采用的进制。

【例 2.5】不定值与高阻值。

```
4'b011z;                //最低位为高阻 z
8'h1z;                  //低四位为高阻 z
```

"?"是高阻 z 的另外一种表示方法。

（3）负数

一个数字可以被定义为负数，只需在位宽表达式前加一个减号，减号必须写在数字定义表达式的最前面。注意减号不可以放在位宽和进制之间，也不可以放在进制和具体的数之间。

【例 2.6】负数的表示。

```
- 8'd5                  //这个表达式代表 5 的补码（用 8 位二进制数表示）
8'd- 5                  //非法格式
```

2. parameter 常量

在 Verilog HDL 中用 parameter 来定义常量，即用 parameter 定义一个标识符来代

表一个常量,称为符号常量,即标识符形式的常量,采用标识符代表一个常量可提高程序的可读性和可维护性。parameter 型数据是一种常数型的数据,其说明格式如下:

    parameter 参数名 1＝表达式,参数名 2＝表达式,…,参数名 $n$＝表达式;

    parameter 也是参数型数据的确认符,确认符后跟着一个用逗号分隔开的赋值语句。在每一个赋值语句的右边必须是一个常数表达式。也就是说,该表达式只能包含数字或先前已定义过的参数。

**【例 2.7】** parameter 常量。

```
parameter   msb=7;                              //定义参数 msb 为常量 7
parameter   e=25, f=29;                         //定义两个常数参数
parameter   byte_size=8, byte_msb=byte_size- 1; //用常数表达式赋值
parameter   average_delay =(e+ f)/2;            //用常数表达式赋值
```

参数型常数常用于定义延时时间和变量宽度。

### 2.4.2　变量

    变量是在 Verilog HDL 源代码中值可以改变的量,这里主要介绍线型(wire)和寄存器型(reg)两种:

    1. 线型(wire)

    wire 变量表示的是硬件资源中的连线资源,常用来表示以 assign 语句赋值的组合逻辑信号,也可以用作任何表达式的输入。Verilog HDL 语法中的 I/O 信号类型缺省值被自动定义为 wire 型。

    wire 型变量定义形式如下:

```
wire 数据名;
wire[n:1] 数据名;
wire[n- 1:0] 数据名;
```

    wire 是 wire 型数据的确认符,[n- 1:0]和[n:1]代表该数据的位宽,即该数据有几位(bit),最后跟着的是数据的名字。如果一次定义多个数据,数据名之间用逗号隔开。声明语句的最后要用分号表示语句结束。

**【例 2.8】** wire 型变量。

```
wire        data    ;
wire[7:0]   data_bus ;
wire[8:1]   addr_bus ;
```

    2. 寄存器型(reg)

    reg 变量表示的是硬件资源中的寄存器资源,只能在 always,initial 中赋值。寄存器

是数据储存单元的抽象。寄存器数据类型的关键字是 reg。通过赋值语句可以改变寄存器储存的值,其作用与改变触发器储存的值相同。Verilog HDL 语言提供了功能强大的结构语句,设计者能有效地控制是否执行这些赋值语句。这些控制结构用来描述硬件触发条件,例如时钟的上升沿。

在 always 以及 initial 中被赋值的每个信号只能是 reg 型变量。

reg 型变量定义形式如下:

reg 数据名;

reg[n:1] 数据名;

reg[n-1:0] 数据名;

reg 是 reg 型数据的确认标识符,[n-1:0] 和 [n:1] 代表该数据的位宽,即该数据有几位(bit),最后跟着的是数据的名字。如果一次定义多个数据,数据名之间用逗号隔开。声明语句的最后要用分号表示语句结束。

**【例 2.9】** reg 型变量。

```
reg        data      ;
reg [7:0]  data_bus  ;
reg [8:1]  addr_bus  ;
```

## 2.5　运算符及表达式

2.5

Verilog HDL 的运算符范围很广,按功能分为以下 9 类:算术运算符、逻辑运算符、关系运算符、等式运算符、缩减运算符、条件运算符、位运算符、移位运算符和拼接运算符。如果按照运算符所带的操作数的个数来区分,运算符可以分为 3 类,分别为:

(1) 单目运算符:运算符只带一个操作数;

(2) 双目运算符:运算符带两个操作数;

(3) 三目运算符:运算符带三个操作数。

下面对这些运算符分别进行说明。

### 2.5.1　算术运算符

常用的算术运算符包括:

(1) +(加法);

(2) -(减法)。

算术运算符也是双目运算符。

**【例 2.10】** 加减法运算。

```
wire[7:0]   a            ;
wire[7:0]   b            ;
```

```
wire[7:0]      out1           ;
wire[7:0]      out2           ;
assign         out1=a-b       ;
assign         out2=a+ b      ;
```

### 2.5.2  逻辑运算符

逻辑运算符有：

(1) &&(逻辑与)；

(2) ‖ （逻辑或)；

(3) ! （逻辑非)。

其中逻辑与和逻辑或是双目运算符,逻辑非是单目运算符,运算结果为真(1)或者假(0)。

"&&"和"‖"是双目运算符,它要求有两个操作数,如(a>b)&&(b>c),(a<b)‖(b<c)。"!"是单目运算符,只要求一个操作数,如! (a>b)。试分析上述 3 个表达式的操作数分别是什么?

表 2-1 为逻辑运算符的真值表,它列出了当 a 和 b 的值为不同的组合时,各种逻辑运算所得到的值。

表 2-1  逻辑运算符的真值表

| a | b | ! a | ! b | a&&b | a‖b |
|---|---|-----|-----|------|-----|
| 真 | 真 | 假 | 假 | 真 | 真 |
| 真 | 假 | 假 | 真 | 假 | 真 |
| 假 | 真 | 真 | 假 | 假 | 真 |
| 假 | 假 | 真 | 真 | 假 | 假 |

【例 2.11】与或非运算。

```
wire     num_a;
wire     num_b;
wire     num_c;
assign   num_c=num_a&&num_b;      //num_a 与 num_b
assign   num_c=num_a‖num_b;       //num_a 或 num_b
assign   num_c=!num_a;            //num_a 取反后赋给 num_c
```

### 2.5.3  关系运算符

关系运算符有：

(1) ＞（大于)；

(2) ＜（小于)；

（3）＞＝（不小于）；

（4）＜＝（不大于）。

关系运算符是双目运算符，其运算结果为真(1)或假(0)。

**【例 2.12】**比较运算。

```
wire[3:0]    num_a ;
wire[3:0]    num_b ;
wire         flag ;
assign  num_a= 4'h8;           //给 num_a 赋值为 8
assign  num_b= 4'h4;           //给 num_b 赋值为 4
assign  flag=(num_a > num_b);  //num_a 大于 num_b,所以 flag 为 1
```

### 2.5.4　位运算符

Verilog HDL 作为一种硬件描述语言，是专门用于设计硬件电路的。在硬件电路中信号有 4 种状态值 1,0,x,z。在电路中信号进行与或非运算时，反映在 Verilog HDL 中则是相应操作数的位运算。Verilog HDL 提供了以下 5 种位运算符：

（1）～（一元非）；

（2）＆（二元与）；

（3）｜（二元或）；

（4）^（二元异或）；

（5）～^（二元异或非）。

这些运算符在输入操作数的对应位上按位操作，其中～、＆、｜是单目运算符，^、～^是双目运算符。

下面将对它们进行详细说明：

（1）按位取反运算符"～"

～是一个单目运算符，用来对一个操作数进行按位"取反"运算。其运算规则见表 2-2。

（2）按位与运算符"＆"

按位与运算就是将两个操作数的相应位进行与运算。其运算规则见表 2-3。

表 2-2　取反运算符真值表

| ～ | 结果 |
| --- | --- |
| 1 | 0 |
| 0 | 1 |
| x | x |

表 2-3　按位与运算符真值表

| ＆ | 0 | 1 | x |
| --- | --- | --- | --- |
| 0 | 0 | 0 | 0 |
| 1 | 0 | 1 | x |
| x | 0 | x | x |

表 2-4　按位或运算符真值表

| ｜ | 0 | 1 | x |
| --- | --- | --- | --- |
| 0 | 0 | 1 | x |
| 1 | 1 | 1 | 1 |
| x | x | 1 | x |

（3）按位或运算符"|"

按位或运算就是将两个操作数的相应位进行或运算。其运算规则见表 2-4。

（4）按位异或运算符"^"（也称之为 XOR 运算符）

按位异或运算就是将两个操作数的相应位进行异或运算。其运算规则见表 2-5。

<table>
<tr><td colspan="4" align="center">表 2-5　按位异或运算符真值表</td></tr>
<tr><td>^</td><td>0</td><td>1</td><td>x</td></tr>
<tr><td>0</td><td>0</td><td>1</td><td>x</td></tr>
<tr><td>1</td><td>1</td><td>0</td><td>x</td></tr>
<tr><td>x</td><td>x</td><td>x</td><td>x</td></tr>
</table>

<table>
<tr><td colspan="4" align="center">表 2-6　按位同或运算符真值表</td></tr>
<tr><td>^~</td><td>0</td><td>1</td><td>x</td></tr>
<tr><td>0</td><td>1</td><td>0</td><td>x</td></tr>
<tr><td>1</td><td>0</td><td>1</td><td>x</td></tr>
<tr><td>x</td><td>x</td><td>x</td><td>x</td></tr>
</table>

（5）按位同或运算符"^~"

按位同或运算就是将两个操作数的相应位先进行异或运算再进行非运算。其运算规则见表 2-6。

（6）不同长度的数据进行位运算

两个长度不同的数据进行位运算时，系统会自动将两者按右端对齐。位数少的操作数会在相应的高位补零，以使两个操作数按位进行操作。

【例 2.13】按位逻辑运算。

```
假设 A = 8'b00011100;B= 8'b00100001;
~ A    = 8'b11100011;
A&B    = 8'b00000000;
A|B    = 8'h00111101;
A^B    = 8'b00111101;
A^~ B  = 8'b11000010;
```

### 2.5.5　等式运算符

等式运算符包括：

（1）　==（等于）；

（2）！=（不等于）。

如果比较结果为假，则结果为 0，否则结果为 1，等式运算符是双目运算符。

【例 2.14】等式运算。

```
若 A= 5'b10001;B= 5'b10011;
则 A==B 的结果是假，为 0.
```

### 2.5.6　缩减运算符

缩减运算符是单目运算符，其结果就是操作数的每一位之间按照运算符的运算规则进行递推计算,最终产生 1 位的结果。

(1)&(与)

操作数的每位之间进行 & 运算。如果操作数的某一位的值为 0,那么结果为 0;如果操作数的某一位的值为 x 或 z,结果为 x;否则结果为 1。

(2)~&(与非)

与操作符 & 的功能相反。

(3)|(或)

操作数的每位之间进行|运算。如果操作数的某一位的值为 1,那么结果为 1;如果操作数的某一位的值为 x 或 z,结果为 x;否则结果为 0。

(4)~|(或非)

与操作符|的功能相反。

(5)^(异或)

操作数的每位之间进行^运算。如果操作数的某一位的值为 x 或 z,那么结果为 x;如果操作数中有偶数个 1,结果为 0;否则结果为 1。

(6)~^(异或非)

与操作符 ^ 的功能相反。

【例 2.15】缩减运算。

若 A= 8'h01010111;

&A=1'b0;

~ &A=1'b1;

|A=1'b1;

~ | A=1'b0;

^A=1'b1;

~ ^A=1'b0;

## 2.5.7  条件运算符

条件操作符根据条件表达式的值选择输出结果,形式如下:

signal = condition? true_expression :false_expression;

如果 condition 为真(即值为 1),选择 true_expression;如果 condition 为假(值为 0),选择 false_expression。

条件运算符是三目运算符。

【例 2.16】条件运算。

对于一个 2 选 1 的 MUX 可以简单描述如下:

out = sel ?data1 : data2;

如果 sel 为 1,则 out 的值为 data1;否则的话,out 的值为 data2。

### 2.5.8 位拼接运算符

位拼接运算符是：{    }

它将两个或者多个信号的某些位拼接起来。用法如下：

{signal1[m1:n1],signal2[m2:n2],...,signalN[mN:nN]}

**【例 2.17】** 位拼接运算。

```
wire[7:0]    data    ;
wire[7:0]    datab   ;
assign datab[3:0] = {data[0],data[1],data[2],data[3]};
```

在位拼接表达式中不允许存在没有指明位宽的信号。这是因为在计算拼接信号位宽的大小时必须知道其中每个信号的位宽。

### 2.5.9 运算符的优先级

以上运算符的优先级如表 2-7 所示：

表 2-7　运算符的优先级

| 运算符 | 优先级 |
|---|---|
| ！　～ | 高优先级 |
| ＋　－ | |
| ＜　＜＝　＞＝　＞ | |
| ＝＝　！＝ | |
| ＆　～＆ | |
| ＾　～ | |
| ｜　～｜ | |
| ＆＆ | |
| ｜｜ | 低优先级 |
| ？　： | |

虽然运算符有不同的优先级，但为了避免出错，同时为了增加程序的可读性，在书写代码时，尽量用（    ）来表示运算符的优先级。

## 2.6　赋值语句

2.6

赋值语句共有两种，分别是阻塞赋值语句和非阻塞赋值语句，下面分别进行介绍。

### 2.6.1　阻塞赋值语句

阻塞赋值符号为"＝"，其赋值格式如下：

信号 ＝ 表达式；

阻塞赋值语句可以用在 assign 以及 always 语句中，阻塞赋值表示只要源信号发生变化，目标信号就立刻完成赋值操作。

【例 2.18】阻塞赋值操作。

```
assign b=a;                    //只要 a 变化,b 的值立刻就改变
always @ (sel or dataa or datab)//只要 dataa、datab 或者 sel 的值变
begin                          //化,datac 的值立刻就改变
    if(sel)
    begin
        datac=dataa;
    end
    else
    begin
        datac=datab;
    end
end
```

### 2.6.2　非阻塞赋值语句

非阻塞赋值符号为"＜＝"，其赋值格式如下：

信号 ＜＝ 表达式；

非阻塞赋值语句只能用在 always 语句中，非阻塞赋值表示的是该语句结束时完成赋值操作。

【例 2.19】always 语句中的非阻塞赋值语句。

```
always @ (posedge clk)
begin
    b  < =a;
    c  < =b;
end
```

如果 $a=1, b=2, c=0$，那么当执行完这两条语句后，$b=1, c=2$，如果是阻塞赋值语句，则会得到另一组结果，如例 2.20。

**【例 2.20】** always 语句中的阻塞赋值语句。

```
always @ (a or b)
begin
    b=a;
    c=b;
end
```

输入同例 2.19,对应的输出是 $b=1,c=1$。

在这里细心的读者或许已经发现了,在两个例子中 always 语句后面括号里的表达式是不一样的,那么它和赋值语句的用法是否有关联性呢? 在第 4 章中,我们将介绍 always、assign 语句与阻塞、非阻塞赋值语句以及 reg、wire 数据类型之间的关系。

## 2.7 条件语句

2.7

Verilog HDL 中的条件语句有 if-else 和 case 两种,它们必须在 always 语句内使用。下面对这两种语句分别进行介绍。

### 2.7.1 if-else 语句

if-else 语句的用法与 C 语言中的 if-else 语句类似,共有以下 3 种格式:

(1) if(表达式)语句 1;

(2) if(表达式)语句 1;

　　　else 语句 2;

(3) if(表达式 1)语句 1;

　　　else if(表达式 2) 语句 2;

　　　else if(表达式 3) 语句 3;

　　　……

　　　else if(表达式 $n$) 语句 $n$;

　　　else 语句 $n+1$;

说明:

在这 3 种格式中,"表达式"一般为关系表达式或者逻辑表达式,也可以为一般的变量。系统对表达式的值进行判断,如果其值为 1,按"真"处理,执行相应的语句,否则按"假"处理,跳过该条语句。

if 语句可以嵌套使用,else 子句不能作为语句单独使用,它必须是 if 语句的一部分,与 if 配对使用。

if 与 else 的配对关系,else 总是与它上面最近的 if 配对。如果 if 与 else 的数目不一样,为了实现程序设计者的意图,可以用 begin、end 块语句来确定配对关系。

if-else 语句允许一定形式的表达式简写方式。如下面的例子:

```
if(expression)    等同于   if( expression == 1 )
if(!expression)   等同于   if( expression != 1 )
```

【例 2.21】模为 40 的计数器。

```
module  couner_40(
    clk ,
    rst ,
    qout
    )
input       clk     ;       //时钟信号
input       rst     ;       //异步复位信号
output[5:0] qout    ;       //计数器输出
reg[5:0]    qout    ;
always @(posedge clk or negedge rst)
begin
    if(~ rst)
    begin
        qout<= 6'd00;
    end
    else
    begin
        if(qout== 6'd39)
        begin
            qout<= 6'd0;
        end
        else
        begin
            qout<=qout+ 6'd1;
        end
    end
end
endmodule
```

### 2.7.2　case 语句

相对于 if 语句只有两个分支而言,case 语句是一种多分支语句,故 case 语句一般用于多条件译码电路,如译码器、数据选择器以及状态机等。case 语句共有 case、casez 与 casex 3 种表达方式,下面分别予以说明。

1. case 语句

case 语句的使用格式如下:

case(表达式)

　　值 1:语句 1;

　　值 2:语句 2;

　　值 3:语句 3;

　　……

　　值n :语句n ;

　　default:语句 n + 1;

endcase

说明:

(1) 关键词 case 后括号内的表达式称为控制表达式,case 分支项中的表达式称为分支表达式。控制表达式通常表示为控制信号的某些位,分支表达式则用这些控制信号的具体状态值来表示,因此分支表达式又可称为常量表达式。

(2) 当控制表达式的值与分支表达式的值相等时,就执行分支表达式后面的语句。如果所有分支表达式的值都没有与控制表达式的值相匹配的,就执行 default 后面的语句。

(3) default 项可有可无,一个 case 语句里只允许有一个 default 项。

(4) 每一个 case 分支表达式的值必须互不相同,否则就会出现矛盾现象(对表达式的同一个值,有多种执行方案)。

(5) 执行完 case 后的语句,则跳出该 case 语句结构,终止 case 语句执行。

(6) 在用 case 语句表达式进行比较的过程中,只有当信号对应位的值能被明确进行比较时,比较才能成功。因此要注意详细说明 case 分支表达式的值。

(7) case 语句所有表达式值的位宽必须相等,只有这样控制表达式和分支表达式才能进行对应位的比较。一个经常犯的错误是用 'bx, 'bz 来替代 n 'bx, n 'bz,这样写是不对的,因为信号 x, z 的缺省宽度是机器的字节宽度,通常是 32 位(此处 n 是 case 控制表达式的位宽)。

下面是一个简单地使用 case 语句的例子。该例子中对输入信号进行译码以确定输出信号的值。

【例 2.22】3-8 译码器。

```
module decode_3to8(
    data_in,
    data_out
```

```
    )
input[2:0]  data_in  ;                      //输入译码前信号
output[7:0] data_out ;                      //输出译码后信号
always @(data_in)
begin
    case(data_in)                           //使用 case 语句进行译码
        3'b000:data_out= 8'b00000001;
        3'b001:data_out= 8'b00000010;
        3'b010:data_out= 8'b00000100;
        3'b011:data_out= 8'b00001000;
        3'b100:data_out= 8'b00010000;
        3'b101:data_out= 8'b00100000;
        3'b110:data_out= 8'b01000000;
        3'b111:data_out= 8'b10000000;
    endcase
end
endmodule
```

在例 2.22 中,因为 case 的所有分支都被列出,所以 default 语句可以省略。

2. casex 与 casez 语句

case 语句中,表达式与值 1~值 $n$ 之间是一种全等比较,必须保证两者的对应位完全相等。casex 与 casez 是 case 语句的两种变体。在 casez 中,如果分支表达式值 1~值 $n$ 中的任何位为高阻,则对相应位的比较就不予以考虑,因此只需要关注其他位比较的结果。而在 casex 中,则是分支表达式值 1~值 $n$ 中的任何位为高阻或者 x,对应位比较的结果都不需要考虑。

表 2-8  case、casex、casez 的真值表

| case | 0 | 1 | x | z |
|------|---|---|---|---|
| 0 | 1 | 0 | 0 | 0 |
| 1 | 0 | 1 | 0 | 0 |
| x | 0 | 0 | 1 | 0 |
| z | 0 | 0 | 0 | 1 |

| casex | 0 | 1 | x | z |
|-------|---|---|---|---|
| 0 | 1 | 0 | 0 | 1 |
| 1 | 0 | 1 | 0 | 1 |
| x | 0 | 0 | 1 | 1 |
| z | 1 | 1 | 1 | 1 |

| casez | 0 | 1 | x | z |
|-------|---|---|---|---|
| 0 | 1 | 0 | 1 | 1 |
| 1 | 0 | 1 | 1 | 1 |
| x | 1 | 1 | 1 | 1 |
| z | 1 | 1 | 1 | 1 |

【例 2.23】有优先级的选择器。

```
module choose(
    data_in     ,
    sel         ,
```

```
    data_out
    )
input[3:0]    data_in    ;                    //输入信号
input[2:0]    sel        ;                    //选择开关
output        data_out   ;                    //输出信号
always @(data_in or sel)
begin
    casez(sel)                                //使用 case 语句进行译码
        3'b1??:data_out=data_in[2];           //sel[2]= 1 时,优先选择 data_in[2]
        3'b001:data_out=data_in[1];
        3'b000:data_out=data_in[0];
        default:data_out=data_in[3];
    endcase
end
endmodule
```

## 2.8 结构描述语句 always 与 assign

2.8

always 与 assign 语句是 Verilog HDL 语法中最重要的逻辑功能定义语句,下面将分别对它们进行介绍。

### 2.8.1 always 语句

always 语句用于对 reg 型的变量赋值,用 always 语句描述逻辑功能的基本格式如下:

```
always @ (< 敏感信号列表>)
    begin
        各种语句;
    end
```

下面将具体介绍 always 语句的用法。

1. 敏感信号列表

敏感信号列表又称事件表达式或敏感列表,当该表达式的值发生变化时,就会执行一遍内部所有的语句。所以敏感列表应该列出所有影响 always 内部取值的信号(一般为所有的输入信号),若输入信号达到或超过两个时,它们之间用"or"连接。

【例 2.24】用 if 语句描述一个加减法选择器。

```
always @ (dataa or datab or add_sub)       //敏感信号列表中含有所有的输
                                            //入信号
```

```
beign                                    //当多于两个时用"or"连接
    if(add_sub)
    begin
        out=dataa+datab;
    end
    else
    begin
        out=dataa-datab;
    end
end
```

当 add_sub 的值为 1 时,该电路实现的是加法运算,当 add_sub 的值为 0 时,该电路实现的是减法运算。也可以用"＊"表示敏感信号列表中的所有信号。

2. 关键词 posedge 与 negedge

对于时序电路,事件是由时钟边沿触发的,为了表达"边沿"这个物理概念,Verilog HDL 语法引入了 posedge 与 negedge 两个关键词。

【例 2.25】十进制计数器。

```
reg[3:0] counter;
always @ (posedge clk)
begin
    if(counter==4'h9)
    begin
        counter<=4'h0;
    end
    else
    begin
        counter<=counter+4'h1;
    end
end
```

因为计数是在时钟上升沿发生的,所以用 posedge clk 表示在时钟的上升沿进行计数操作,同理 negedge clk 表示在时钟信号 clk 的下降沿进行操作。

在这里,敏感信号列表中没有列出输入信号 counter,因为如果输入信号要对输出信号有影响必须等到时钟沿的来到,因此敏感信号列表中只需要列出时钟的上升沿 posedge clk。对于异步的信号清零以及置位,有:

```
always @ (posedge clk or negedge reset)          //时钟的上升沿,低电平清零触发
```

always @ (posedge clk or posedge reset)　　//时钟的上升沿,高电平清零触发

注意:在 always 块内的逻辑描述要与敏感信号列表中信号的有效电平一致。

【例 2.26】always 电平有效性典型错误示例。

```
always @ (posedge clk or negedge reset)      //复位低电平有效
begin
    if(reset)                                //高电平清零,与敏感列表冲突
    begin                                    //应该改为 if(~ reset)
        out<=1'b0;
    end
    else
    begin
        out<=1'b1;
    end
end
```

3. begin 与 end 块描述语句

beign 与 end 语句用来表示同一优先级的语句的集合,它的作用相当于 C 语言中的{}。为了说明 begin 与 end 语句的用法,首先介绍一下 Verilog HDL 中的顺序执行与并行执行两个概念。

用 Verilog HDL 来设计电路,首先必须知道哪些操作是同时发生的,即并行执行;哪些操作是顺序发生的,即顺序执行。

(1) begin 与 end 语句之间的所有语句是顺序执行的。

【例 2.27】块描述语句中的顺序执行。

```
module serial(
    in1  ,
    in2  ,
    ena  ,
    clk  ,
    out
    )
input    in1  ;
input    in2  ;
input    ena  ;
input    clk  ;
output   out  ;
```

```
reg     out       ;
reg     out_temp ;
always @ (posedge clk)
begin
    if(ena)
    begin
        out<= in1&&in2;
    end
    else
    begin
        out<=(~ in1)|| in2;
    end
end
endmodule
```

在例 2.27 中,begin、end 语句有两个作用:①begin 与 end 语句内包含的语句(if 语句)是逐条语句顺序执行的;②begin 与 end 语句内包含的语句同属于"always"语句,即同一个优先级。

(2) 在一个 module 中,所有语句之间是并行执行的。

【例 2.28】module 语句中的并行执行。

```
module top(
    dataa   ,
    datab   ,
    sel     ,
    out
    )
input    dataa   ;
input    datab   ;
input    sel     ;
output   out     ;
wire     out_temp ;
always @ (data or sel)
begin
    if(sel)
    begin
        out_temp= data;
```

```
        end
        else
        begin
            out_temp=1'b0;
        end
    end
    assign out=out_temp&&datab;
endmodule
```

在例 2.28 中,module 中共有两个"语句":always 与 assign,这两个语句之间是并行执行的,而 always 语句的 begin、end 所包含的语句则是顺序执行的。

### 2.8.2 assign 语句

Verilog HDL 中另外一个重要的逻辑描述语句是 assign。assign 语句是连续赋值语句,它用于对 wire 型变量的赋值。

用 assign 语句描述逻辑功能的基本格式如下:

assign 信号=表达式;

【例 2.29】与门、或门的 Verilog HDL 描述。

```
assign  out=signal1&&signal2;
assign  out=signal1 || signal2;
```

## 2.9 函数(function)和循环语句(for)

2.9

**1. 函数(function)**

函数(function)的目的是返回一个用于表达式的值,函数的定义格式如下:

function< 返回值位宽>  函数名;

　　端口声明;

　　局部变量定义;

　　其他语句;

endfunction

**2. 循环语句(for)**

for 循环语句的形式如下:

for(初始表达式;条件表达式;步进表达式)语句

一个 for 循环语句按照指定的次数重复执行过程赋值语句若干次。初始表达式给出循环变量的初始值。条件表达式指定循环在什么情况下必须结束。只要条件为真,循环中的语句就执行;而步进表达式给出要修改的赋值,通常为增加或减少循环变量计数。

**【例 2.30】**一个函数与循环语句的例子。

```
function[7:0]        get_num      ;    //函数定义
input[7:0]           condition    ;    //输入信号
input[7:0]           num          ;    //输入信号
reg[7:0]             cnt_num      ;    //局部变量
reg[3:0]             count        ;    //局部变量
begin
    cnt_num=7'h00;
    for(count=0; count< 8; count=count+ 1)
    begin
        if(condition [count]==1'b1)
        begin
            cnt_num=num;
        end
        else
        begin
            cnt_num=1'b0;
        end
    end
    get_num=cnt_num;
end
endfunction
assign number = get_num (condition, num); //函数的调用
```

## 2.10　跳出"语法"看"语法"——"硬件"描述语言的另一种理解方式

在前面 9 节中我们已经介绍了 Verilog HDL 语法的基本知识,本节我们主要说明下面两个问题:

（1）从硬件的角度理解 Verilog HDL 语法;

（2）不可综合语法及其在测试向量中的应用。

2.10

### 2.10.1　从硬件的角度理解 Verilog HDL 语法

由于 Verilog HDL 语法与 C 语言非常接近,所以初学者总是习惯从软件的角度理解 Verilog HDL 语法,总是从"指令执行"的角度来理解 Verilog HDL 代码的工作状态。

那么由 Verilog HDL 生成的硬件,在芯片中到底是如何工作的呢? 下面我们举例来说明。

【例 2.31】一个简单的同步电路。

```
wire        Din    ;
wire        Temp1  ;
wire        Temp2  ;
always @(posedge Clk or negedge Rst)
begin
    if(~ Rst)
    begin
        Q<=1'b0;
    end
    else
    begin
        Q<=Din;
    end
end

assign Din=Temp 1 &&Temp2;
assign Temp1=A || B;
assign Temp2=C ? (A&&B): D;
```

图 2-2 是例 2.31 中 Verilog HDL 所描述的硬件电路的具体结构,图 2-3 是例 2.31 中 Verilog HDL 中使用 assign 所描述的组合逻辑电路。

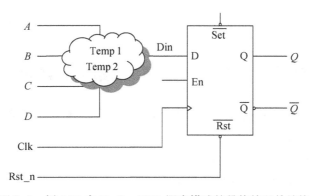

**图 2-2　例 2.31 中 Verilog HDL 语言描述的具体的硬件结构**

从图 2-2 和图 2-3 中可以看出:

(1) 图 2-3 中 Temp1、Temp2 相应的硬件结构对应三条 assign 语句(见图 2-3);而 assign 语句的赋值信号定义为 wire 型信号,所以 wire 型信号实际上就是硬件中的连线资源。

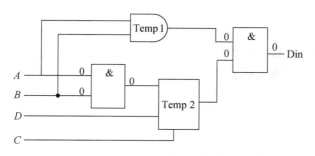

图 2-3　具体的 assign 语句所描述的组合逻辑电路

（2）图 2-2 中寄存器部分是 always 语句所描述的寄存器，而 always 语句对应的是 reg 型信号，所以 reg 型信号实际上就是硬件资源中的寄存器资源。

（3）assign 语句与 always 语句的先后顺序与硬件信号的流向没有关系，它们在硬件中是按照信号流向来组合的。

在 FPGA 及 CPLD 中，主要的硬件资源分为连线资源与寄存器资源，所以使用 assign 与 always 语句，if 与 case 条件语句，阻塞与非阻塞赋值语句就可以实现大部分硬件功能。

> **要点**：用 Verilog HDL 设计硬件电路时，最重要的一点是要知道所设计的 Verilog HDL 代码对应的硬件结构。

### 2.10.2　不可综合语法及其在测试向量中的应用

**1. 什么是不可综合语法，什么是可综合语法？**

可综合语法就是可以被编译器识别，并综合成具体硬件电路的语法，比如前面所介绍的 if 语句、case 语句以及 assign、always 语句等语法。

不可综合语法就是大部分编译器不能识别，也不能综合成具体硬件电路的语法。

Verilog HDL 中的不可综合语法主要有：

（1）initial 语句

initial 语句使用的格式如下：

```
initial
begin
    语句 1;
    语句 2;
    … …
end
```

initial 语句的主要作用是给信号赋予初值。

现在最新的编译综合工具可以将 initial 语句定义的信号初值综合为芯片上电默认值。根据传统定义，本书仍然将 initial 语句定义为不可综合语法，请感兴趣的读者自行验证。

（2）while 语句

while 语句使用的格式如下：

```
while(循环执行条件表达式)
begin
    语句 1;
    语句 2;
    … …
end
```

while 语句的作用是当循环执行条件表达式为真时，循环执行 begin 与 end 包含的语句直到条件不再成立为止。

（3）forever 语句

forever 语句使用的格式如下：

```
forever
begin
    语句 1;
    语句 2;
    … …
end
```

forever 语句的作用是永远执行所包含的所有语句。

（4）repeat 语句

repeat 语句使用的格式如下：

```
repeat(循环次数表达式)
begin
    语句 1;
    语句 2;
    … …
end
```

repeat 语句的作用是将所包含的语句执行"循环次数表达式"所表示的次数。

（5）运算符×、÷和％

运算符×、÷和求模运算符％也是不可综合语法。有的编译综合工具也可将"×"综合成为 FPGA 内部乘法器资料。

（6）延时符号♯

延时符号♯的使用格式如下：

```
信号 1<= ♯n 信号 2;
```

它的具体作用是将信号 2 延时 $n$ 个时间单位再赋给信号 1。

（7）任务（task）

任务（task）定义和调用的格式分别如下：

定义：

task< 任务名> ;

端口及数据类型声明语句；

其他语句；

endtask

任务调用的格式为：

< 任务名>（端口 1，端口 2...）；

在一个工程设计中，绝大部分使用的是可综合语法，因为可综合语法有具体对应的硬件结构，经过综合器综合之后下载到具体的硬件芯片中可按照我们设想的方式工作。而不可综合语法，没有可以对应的硬件结构，所以经过综合器综合时一般会被综合器所舍掉，或者有的综合器会出错来警告设计中出现了不可综合语法。

为了达到可靠的设计，建议在具体的项目设计中只使用可综合语法，而不可综合语法则可以在测试向量中使用（具体的使用目的及使用方法见下一小节）。

2. 测试向量及不可综合语法在测试向量中的应用

测试向量（Testbench）就是源代码输入信号的激励，以及对源代码输出信号的响应。测试向量的主要作用是验证源代码的正确性。

【例 2.32】一个简单的 20 分频电路的测试向量。

20 分频的源代码如下：

```
module divide20(
    reset     ,
    clock     ,
    div_clk
    )
input    reset    ;
input    clock    ;
output   div_clk  ;
reg      div_clk  ;
reg[3:0] div_cnt  ;
always @ (posedge clock or negedge reset)
begin
    if(~ reset)
        begin
            div_cnt<= 4'h0;
```

```
                div_clk<=1'b0;
            end
        else
        begin
            if(div_cnt==4'h9)
            begin
                div_cnt<=4'h0;
                div_clk<=~div_clk;
            end
            else
            begin
              div_cnt<=div_cnt+4'h1;
              div_clk<=div_clk;
            end
        end
    end
end
endmodule
```

测试向量如下：

```
'timescale 1ns/ns                       //时间尺度定义     单位 ns/精确度 ns
module tenstbench();
reg     clock_tb     ;                  //输入激励
reg     reset_tb     ;                  //输入激励
wire    div_clk_tb   ;                  //输出响应
parameter Clk_CYCLE =10;                //参数定义
initial                                 //定义初始化的信号值
begin
    reset_tb=1'b0;
    clock_tb=1'b0;
    #  200                              //延时 200 个时间单位的时间
    reset_tb=1'b1;
end
always
begin
    #  Clk_CYCLE
    clock_tb=~clock_tb;                 //产生输入时钟信号的激励波形
```

```
end
divide20  divide20_u(
    .reset    (reset_tb    ),
    .clock    (clock_tb    ),
    .div_clk  (div_clk_tb  )
    );                                    //模块调用
endmodule
```

　　因为测试向量只用于仿真,并不需要使用综合工具进行综合,所以测试向量的书写可以采用不可综合语法,充分利用不可综合语法的设计灵活性来产生各种激励信号和响应信号。

　　当采用不可综合语法时,我们可以从"软件"的角度来考虑激励信号的产生以及实现对输出信号的响应,而不用过多地去思考硬件结构。

## 思考题

1. 循环语句(for)综合成硬件的结构是什么?

2. 函数(function)综合成硬件的结构是什么?

3. 不可综合语法的特点和应用环境是什么?

4. 试编写二十进制计数器及相应的测试向量。

5. FPGA/CPLD 中的主要硬件资源是什么,Verilog HDL 中哪些语句是与其对应的,又是如何对应的?

# 第3章 CPLD/FPGA 的基本结构

CPLD 是复杂可编程逻辑器件(Complex Programable Logic Device)的简称,FPGA 是现场可编程门阵列(Field Programable Gate Array)的简称,两者的功能基本相同,只是实现原理略有不同,所以我们有时可以忽略两者的区别,将它们统称为可编程逻辑器件或 PLD。

CPLD/FPGA 是电子设计领域中最具活力和发展前途的一项技术,它的影响丝毫不亚于 20 世纪 70 年代单片机的发明和使用。CPLD/FPGA 能完成任何数字器件的功能,上至高性能 CPU,下至简单的 74 系列电路,都可以用 CPLD/FPGA 来实现。CPLD/FPGA 如同一张白纸或是一堆积木,工程师可以通过传统的原理图输入法,或是硬件描述语言自由地设计一个数字系统。通过软件仿真,我们可以事先验证设计的正确性。在 PCB 完成以后,还可以利用 CPLD/FPGA 的在线修改能力,随时修改设计而不必改动硬件电路。使用 CPLD/FPGA 来开发数字电路,可以大大缩短设计时间,减少 PCB 面积,提高系统的可靠性。以上这些优点使得 CPLD/FPGA 技术在 20 世纪 90 年代以后得到飞速的发展,同时也大大推动了 EDA 软件和硬件描述语言的进步。

CPLD/FPGA 产品一般分为:基于乘积项(Product-Term)技术,EEPROM(或 Flash)工艺的中小规模传统 CPLD,以及基于查找表(Look-Up table)技术,SRAM 工艺的大规模 FPGA。目前 CPLD 也融合部分 FPGA 技术,出现了基于查找表技术,同时内嵌 FLASH 的新式 CPLD。基于 EEPROM 工艺的传统 CPLD 密度小,多用于 5 000 门以下的小规模设计,适合做复杂的组合逻辑,如译码电路等。基于查找表的新式 CPLD 在保留 CPLD 内嵌储存芯片的非易失性特点的同时,融合 FPGA 的架构模式,提供了更多的接口和更强的性能,是介于传统 CPLD 和 FPGA 之间的产品。基于 SRAM 工艺的 FPGA 密度高、触发器多,多用于 10 000 门以上的大规模设计,适合做复杂的时序逻辑,如数字信号处理算法和各种接口时序电路等。

## 3.1 CPLD 的基本结构

### 3.1.1 内部结构

1. 基于乘积项技术的传统 CPLD

传统 CPLD 基本上是基于乘积项技术,EEPROM(或 Flash)工艺的结构。如 Xilinx 的 XC9500,Cool runner 系列等,以 XC9500 为例,其 CPLD 的总体结构如图 3-1 所示。

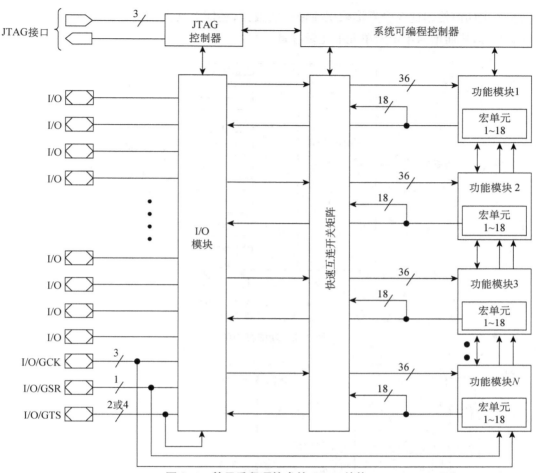

图 3-1　基于乘积项技术的 CPLD 结构

基于乘积项技术,EEPROM(或 Flash)工艺的 CPLD 内部主要由功能模块、I/O 模块和互连矩阵等 3 部分构成。

(1) 功能模块用于实现 CPLD 的可编程逻辑,且每个功能模块均由 18 个独立的宏单元(macrocell)构成,而独立的宏单元可以实现组合逻辑或时序逻辑的功能。功能模块还能接收全局时钟信号(global clock)、输出使能信号(output enable)以及置位/复位信号(set/reset)。功能模块生成的 18 路输出信号,既可以直接驱动互连矩阵,也可以连同其相应的输出使能信号来驱动 I/O 模块。功能模块的内部结构如图 3-2 所示。

(2) 互连矩阵用于功能模块输入、输出信号间的互联。

(3) I/O 模块提供 CPLD 输入、输出缓冲。

宏单元是 CPLD 的基本结构,由它来实现基本的逻辑功能。XC9500 里每个宏单元都能单独配置以实现组合逻辑或时序逻辑功能。图 3-3 显示了功能模块里的宏单元结构。

宏单元左侧的与阵列选择的 5 个直接乘积项是宏单元的主要输入数据,再通过或门/异或门实现组合逻辑功能和信号控制(时钟、时钟使能、置位/复位等)。乘积项分配器不仅能决定如何使用这 5 个直接乘积项输入的数据，还能对功能模块内的其他乘积项进行重新配置，从而增强单个宏单元的逻辑容量。

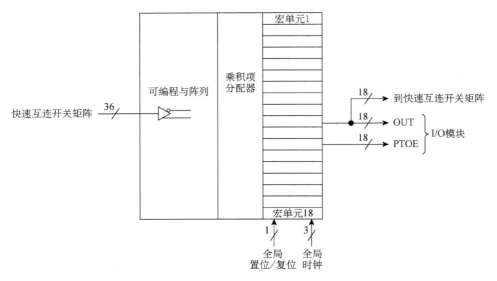

图 3-2　功能模块结构

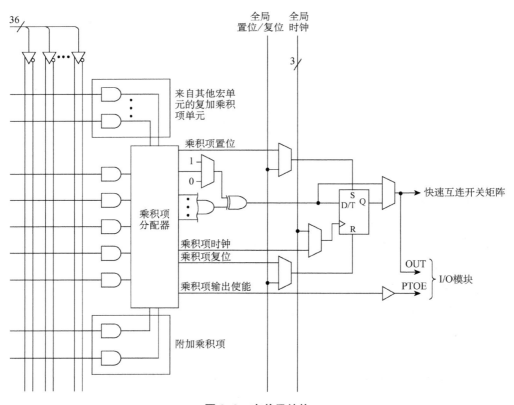

图 3-3　宏单元结构

宏单元右侧的寄存器可以配置成 $D$ 触发器、$T$ 触发器或被旁路以实现组合逻辑功能。每个寄存器均支持异步复位和置位。在上电加载过程中,所有的用户寄存器均被初始化为用户定义的预加载状态(默认状态为 0)。

宏单元可以使用所有的全局控制信号,这些全局控制信号包括时钟信号、置位/复位信号和输出使能信号。宏单元中寄存器的时钟来自全局时钟信号或乘积项时钟信号。

下面以一个简单的电路为例,具体说明 CPLD 是如何利用以上结构实现逻辑功能的,电路如图 3-4 所示。

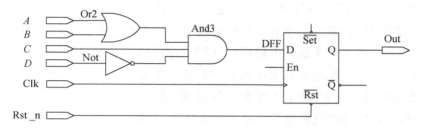

**图 3-4　简单的组合逻辑**

假设组合逻辑的输出(And3 的输出)为 $f$,则 $f=(A+B)\&C\&\overline{D}=A\&C\&\overline{D}+B\&C\&\overline{D}$。

CPLD 将以下面的方式来实现组合逻辑 $f$,具体结构如图 3-5 所示。

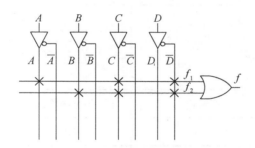

**图 3-5　CPLD 实现的简单例子**

$A,B,C,D$ 由 CPLD 芯片的引脚输入后进入可编程连线阵列(PIA),在内部产生 $A$,$\overline{A},B,\overline{B},C,\overline{C},D$ 和 $\overline{D}$ 的 8 个输出。图中“✖”表示相连,即可编程熔丝导通,因此得到:$f=f_1+f_2=(A\&C\&\overline{D})+(B\&C\&\overline{D})$,这样组合逻辑就实现了。图 3-4 电路中 $D$ 触发器的实现比较简单,直接利用宏单元中的可编程 $D$ 触发器来实现。时钟信号 Clk 由 I/O 脚输入后进入芯片内部的全局时钟专用通道,直接连接到可编程触发器的时钟端。可编程触发器的输出与 I/O 脚相连,把结果输出到芯片引脚。这样 CPLD 就完成了图 3-4 所示电路的功能。

图 3-4 所示电路是一个很简单的例子,仅需要一个宏单元就可以完成。但对于复杂电路,单个宏单元是不能实现的,这时就需要通过并联扩展项和共享扩展项将多个宏单元相连,宏单元的输出也可以连接到可编程连线阵列,作为另一个宏单元的输入。这样

CPLD 就可以实现更复杂的逻辑功能。

这种基于乘积项的 CPLD 基本都是由 EEPROM 或 Flash 工艺制造的,一上电就可以工作,无需其他芯片配合。

### 2. 基于查找表技术的新式 CPLD

新式 CPLD 摒弃了传统的宏单元结构,而采用了查找表体系结构,如紫光同创的 Compact 系列,Altera 公司的 MAX Ⅱ、MAX V 系列等。以 Compact 系列为例,其产品的基本单元就被称作可配置逻辑模块(CLM)。

查找表简称为 LUT,LUT 本质上就是一个 RAM。目前多使用 4 输入的 LUT,所以每一个 LUT 可以被看成一个有 4 位地址线的 16×1 输出的 RAM。当用户通过原理图或 HDL 语言描述了一个逻辑电路以后,CPLD/FPGA 开发软件会自动计算逻辑电路的所有可能的结果,并把结果事先写入 RAM,这样每输入一个信号进行逻辑运算就等于输入一个地址进行查表,找出地址对应的内容,然后输出即可。对于一个 LUT 无法实现的电路逻辑,就通过进位逻辑将多个单元相连,这样 CPLD/FPGA 就可以实现复杂的逻辑功能。

表 3-1 所示是一个 4 输入与门的例子。

**表 3-1 LUT 设计的实例**

| 实际逻辑电路 | | LUT 的实现方式 | |
|---|---|---|---|
| *a*,*b*,*c*,*d* 输入 | 逻辑输出 | 地址线输入 | RAM 中存储的内容 |
| 0000 | 0 | 0000 | 0 |
| 0001 | 0 | 0001 | 0 |
| …… | …… | …… | …… |
| 1111 | 1 | 1111 | 1 |

Compact 产品的 CLM 主要由多功能 LUT5、寄存器和扩展功能选择器组成,支持逻辑、算术、位移寄存器以及 ROM 功能。LUT5 即在 4 输入的 LUT 基础上增加一根地址线,使其变成 5 输入的 LUT,可以组成 $2^5 = 32$ 种可能组合逻辑。CLM 具体逻辑框图如图 3-6 所示。

每个 CLM 包括 4 个 LUT5、6 个寄存器、多个扩展功能选择器以及 4 条独立的级联链。此外在 LUT5 的基础上集成了专用电路,以实现 4 选 1 多路选择器功能和快速算术进位逻辑。

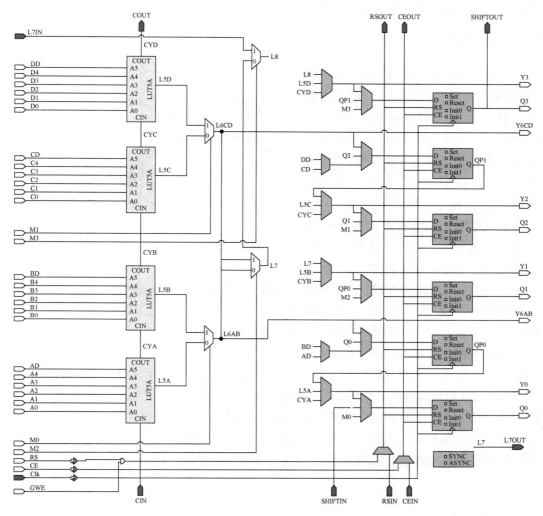

图 3-6　CLM 逻辑框图

同样以图 3-4 所示电路为例,具体说明基于 LUT 的新式 CPLD 是如何利用以上结构实现逻辑功能的。$A,B,C,D$ 由 CPLD 芯片的引脚输入后作为地址线连接到 LUT, LUT 中已经提前写入了所有可能的逻辑结果,通过地址查找到相应的数据然后输出,就实现了组合逻辑功能。该电路中 $D$ 触发器直接利用 LUT 后面寄存器来实现。时钟信号 Clk 由 I/O 脚输入后进入芯片内部的时钟专用通道,直接连接到触发器的时钟端。触发器的输出与 I/O 脚相连,把结果输出到芯片引脚,CPLD 就可以实现逻辑功能。

3. 两种 CPLD 的区别

传统的 CPLD 是基于乘积项实现逻辑功能,其优点在于实现简单逻辑速度较快且可以预测引脚间的时间延迟。缺点是随着逻辑的增加,内部布线复杂性大大提高,功耗也随之上升。

新式 CPLD 使用 LUT 代替宏单元,采用新架构新制程,在保持低成本和掉电非易失性特点的同时提高集成度,有着更多的资源和更强的性能。

## 3.1.2　下载方式

CPLD 的下载一般采用厂家提供的编程电缆,利用 JTAG 接口对芯片进行下载。电缆一端连接到计算机的 USB 接口上,另一端接 PCB 板上的一个插头,CPLD 芯片有 6 个引脚(编程脚 TMS、TDI、TDO、TCK,以及电源与地引脚)与插头相连,如图 3-7 所示。

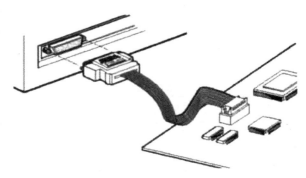

图 3-7　CPLD 的下载方式

下载电缆向系统板上的器件提供配置或编程数据,这就是在线可编程(ISP)。用户能独立地配置 CPLD 器件,而不需要用到编程器或任何其他编程硬件。早期的 CPLD 是不支持 ISP 的,它们需要用编程器烧写。目前的 CPLD 都可以用 ISP 在线编程,也可用编程器编程。这种 CPLD 可以加密,并且很难解密,所以常常被用于单板加密。

目前的新式 CPLD 器件内嵌 Flash 芯片来储存配置信息。例如紫光同创公司 Compact 系列 CPLD 是基于 SRAM 的可编程逻辑器件,芯片内部包含一块嵌入式 Flash,可实现配置文件从芯片内部自主加载,用户可通过 JTAG、$I^2C$、SPI 和 APB 接口对嵌入式 Flash 编程。由于 CPLD 器件掉电后 SRAM 中的配置信息将会丢失,因此每次上电需要利用片内 Flash 重新对 CPLD 进行配置。以 SPI 配置为例,CPLD 从 SPI 接口通过专用下载器连接到主机,即可下载比特流文件进行配置,如图 3-8 所示。

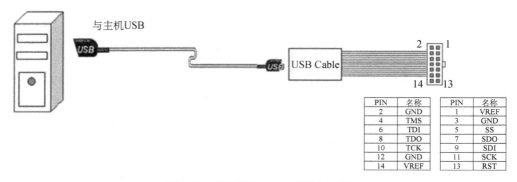

图 3-8　SPI 配置 CPLD 连接示意图

## 3.1.3　紫光同创公司 CPLD 简介

紫光同创公司生产的 Compact 系列 CPLD 是采用 55 nm 工艺制造的低成本、具有高密度 I/O 和非易失性的 CPLD 产品。根据系列中产品的不同,CLM 资源中 LUT5 的数量为 1 064～8 256。此外该产品还有专用存储模块(DRM),多样的片上时钟资源,多功能的 I/O 资源,丰富的布线资源,并集成了 SPI、I²C 和定时器/计数器等硬核。Compact 系列 CPLD 还支持通过 JTAG、I²C、SPI 和 APB 接口对嵌入式 Flash 进行编程配置,以及支持远程升级和双启动功能,同时提供 UID(Unique Identification)等功能以保护用户的设计安全。

Compact 系列 CPLD 器件包含 G(通用型)、L(低功耗)和 D(支持主自加载双启动功能)3 种版本,支持两个速度等级－5 和－6,其中－6 为最快等级。G 型和 D 型器件支持的外部供电电压 $V_{CC}$ 为 2.5 V 或 3.3 V,经过内部电路产生内核电压,内核电压 $V_{CC\_CORE}$ 是 1.2 V;L 型器件只支持 1.2 V 的 $V_{CC}$,$V_{CC\_CORE}$ 与 $V_{CC}$ 相同。CPLD 器件的每个 I/O 组(Bank)电源由其对应的 $V_{CC\_I/O}$ 引脚单独供电,支持 1.2 V、1.5 V、1.8 V、2.5 V 和 3.3 V 的电压。

Compact 系列 CPLD 的特点:

(1) 灵活的架构。逻辑资源中有 1 064～8 256 个 LUT5,用户 I/O 端最多达到 384 个。

(2) 多功能的 I/O。支持不同类型的 I/O 接口,支持 2 级热插拔,可选的内部差分输入终端匹配电阻为 100 Ω,具有可编程的摆率,可编程的弱上拉或弱下拉属性,包含输入、输出和三态寄存器,支持 IDDR(1∶2)以及 ODDR(2∶1),包含 I/O(输入/输出)延迟单元。

(3) 专用存储模块。单个 DRM 提供 9Kbits 存储空间,支持多种工作模式,包括双口(DP)RAM,简单双口(SDP)RAM,单口(SP)RAM 或 ROM 模式,以及 FIFO 模式,双口 RAM 和简单双口 RAM 支持双端口混合数据位宽,支持字节使能功能。

(4) 支持高速数据传输。OSERDES 支持 4∶1,7∶1,8∶1 并串转换功能;ISERDES 支持 1∶4,1∶7,1∶8 串并转换功能。

(5) 时钟资源。具有 8 条全局时钟网络和 8 条全局信号网络,支持最高时钟频率可达 400 MHz;具有 4 条 I/O 时钟网络,支持最高时钟频率为 600 MHz,同时支持最多 2 个 PLL。

(6) 支持多种配置方式及应用。支持 JTAG 配置,支持主自加载,支持主 SPI 配置,支持从 SPI 配置,支持从 I²C 配置,支持从并配置,支持双启动功能,支持远程升级,支持压缩位流。

(7) 嵌入式硬核。具有 2 个 I²C 硬核,1 个 SPI 硬核,1 个定时器/计数器,1 个片上振荡器。

(8) 应用领域广泛。可用于消费类电子产品,计算与存储,无线通信,工业控制系统,自动驾驶系统等领域。

Compact 系列 CPLD 器件具有不同的资源规模。不同类型的 CPLD 的资源列表如表 3-2 所示。

表 3-2　Compact 系列 CPLD 器件资源

| 资源名称 | | PGC1K | PGC2K | PGC4K | PGC7K | PGC10K |
|---|---|---|---|---|---|---|
| CLM | LUT5 | 1 064 | 2 024 | 3 968 | 5 920 | 8 256 |
| | FF | 1 596 | 3 036 | 5 952 | 8 880 | 12 384 |
| | 分布式 RAM(Kb) | 11 | 16 | 39 | 56 | 78 |
| DRM | 9Kb | 7 | 8 | 11 | 26 | 45 |
| DRM PLL | 最大容量(Kb) | 63 | 72 | 99 | 234 | 405 |
| | 1 | 1 | 2 | 2 | 2 | |
| | 用户可用的嵌入式 Flash 最大容量(Kb) | 80 | 80 | 1 520 | 2 070 | 3 016 |
| | 嵌入式 Flash 最大容量(Kb) | 664 | 664 | 2 560 | 3 616 | 5 120 |
| | SPI | 2 | 2 | 2 | 2 | 2 |
| | I²C | 1 | 1 | 1 | 1 | 1 |
| | 定时器/计数器 | 1 | 1 | 1 | 1 | |
| | 片上振荡器 | 1 | 1 | 1 | 1 | 1 |
| | 是否支持 MIPI D-PHY | 是 | 是 | 是 | 是 | 是 |

（1）可配置逻辑模块（CLM）

CLM 是 Compact 系列 CPLD 器件的基本逻辑单元,每个 CLM 包含 4 个 LUT5、6 个寄存器、位扩展功能选择器、快速进位逻辑以及各自独立的 4 条级联链,其中级联链包括快速进位链(Carry Chain),复位/置位控制级联链(RS Chain),时钟使能控制级联链(CE Chain)和移位寄存器数据级联链(SR Chain)。

每个 CLM 中的 2 个 LUT5 可以实现 1 个 LUT6,2 个 LUT6 可以实现 1 个 LUT7。相邻的两个 CLM 可以实现 1 个 LUT8 逻辑。

（2）专用存储模块（DRM）

Compact 系列 CPLD 器件包含最多 45 个 DRM,每个 DRM 有 9 Kb 存储单元,以及输入寄存器和输出寄存器。

① 多种工作模式。DRM 支持多种工作模式,包括双口 RAM、简单双口 RAM、单口 RAM 或 ROM 模式,以及 FIFO 模式。

② 支持混合数据位宽。DRM 在双口 RAM 和简单双口 RAM 模式下支持双端口混合数据位宽。

③ 支持字节使能。DRM 支持写操作的字节使能功能,即通过使能信号实现对选定数据字节的写入,同时屏蔽同一地址索引其他字节的写入。

④ 可选的输出寄存器。针对数据输出端口,DRM 特别提供了可选的输出寄存器,以

取得更好的时序性能。

⑤ DRM 级联扩展。多个 DRM 可以通过级联扩展的方式组合成更大的双口 RAM、简单双口 RAM、单口 RAM 或 ROM，以及 FIFO 模型。对此，DRM 提供额外的 3 bit 地址扩展位，用于深度扩展的应用。

（3）时钟

Compact 系列 CPLD 器件有最多 8 对专用时钟差分输入引脚，这些引脚可以接收差分输入信号，也可以接收单端输入信号。当单端时钟信号接入时，使用差分信号的 P 端作为时钟输入，这些引脚用来驱动时钟线，当这些引脚不需要驱动时钟线时，也可以作为通用 I/O 使用。

（4）I/O 缓存

I/O Buffer 按照不同器件规模有不同数量的 I/O 库（Bank），见表 3-3。

表 3-3　Compact 系列 CPLD 器件的 Bank 资源分布

| I/O Bank 资源 | PGC1KL | PGC1KG | PGC2K | PGC4K | PGC7K | PGC10K |
|---|---|---|---|---|---|---|
| I/O Banks 左 | 1 | 3 | 3 | 3 | 3 | 3 |
| I/O Banks 右 | 1 | 1 | 1 | 1 | 1 | 1 |
| I/O Banks 上 | 1 | 1 | 1 | 1 | 1 | 1 |
| I/O Banks 下 | 1 | 1 | 1 | 1 | 1 | 1 |
| I/O Banks 总数 | 4 | 6 | 6 | 6 | 6 | 6 |

I/O Buffer 主要包含以下功能：输入、输出、三态组合逻辑；输入寄存器（触发器/锁存器）、输出寄存器（触发器）和三态寄存器（触发器）；IDDR（1∶2）和 ODDR（2∶1），其中 ODDR 包括输出和三态的 ODDR。

CPLD 的 I/O 输入延迟功能和输出延迟功能分别由同一个延迟单元单独实现。所有 I/O 均支持输入和输出延迟的静态配置，但只有器件下侧的 I/O 支持动态可调输入延迟，所有 I/O 都不支持动态可调输出延迟。

（5）片上振荡器

每个 Compact 系列 CPLD 器件都有一个片上振荡器（OSC）。OSC 的输出可以通过编程互联到全局时钟网络或者互联到 PLL，作为 PLL 的参考时钟。OSC 的输出还可以为配置系统提供可编程配置时钟，作为主配置时钟使用。OSC 的输出也可以为嵌入式 Flash 提供固定频率时钟。

用户可通过例化 GTP_OSC_E2 进行 OSC 的时钟分频。OSC 的本征频率为 266 MHz，整数分频系数范围为 2～128，OSC 输出频率范围为 2.08～133 MHz，这些频点是非连续的，默认值为 2.08 MHz。

（6）嵌入式硬核

Compact 系列 CPLD 器件内嵌了多个硬核，如 $I^2C$、SPI 和定时/计数器。用户可通过 APB 接口访问这些硬核。

（7）嵌入式 Flash

Compact 系列 CPLD 器件包含了一个嵌入式 Flash，它可以用来存储配置信息，或者为用户提供通用的 Flash 存储空间。嵌入式 Flash 有如下特点：

① 供电电压 1.2 V，由 $V_{CC\_CORE}$ 提供；

② 存储空间最高可达 5 120 Kbits；

③ 至少 10 万次擦写操作；

④ 自加寻址；

⑤ 支持 JTAG，$I^2C$，SPI 和 APB 接口。

（8）上电复位电路（POR）

Compact 系列 CPLD 器件具有上电复位电路，它在器件上电时和工作期间监控器件的 $V_{CC\_CORE}$ 和 $V_{CC\_IO}$ 管脚上的电压。上电开始后，当 POR 电路检测到 $V_{CC\_CORE}$ 和 $V_{CC\_IO}$ 管脚上的电压达到 $V_{PUP}$ 后，器件就会开始进行初始化。

复用 I/O 可通过设置特征控制位来设置成配置 I/O 或用户 I/O。所有 I/O 在上电期间为低电平；在配置前和配置期间，用户 I/O 呈弱下拉，配置 I/O 呈弱上拉或其固有状态；在配置完成进入用户模式后，用户 I/O 才释放给用户使用。

进入用户模式后，POR 电路继续监控 $V_{CC\_CORE}$。如果 $V_{CC\_CORE}$ 降到 $V_{PDN}$ 指定的电压，芯片不能保证正确工作；一旦发生这种情况，POR 电路复位整个芯片，并再次监控 $V_{CC\_CORE}$ 和 $V_{CC\_IO}$ 管脚电压。

## 3.2　FPGA 的基本结构

3.2

### 3.2.1　内部结构

#### 1. 基于查找表结构的 FPGA

由于 SRAM 工艺的特点，基于查找表技术、SRAM 工艺的 FPGA 掉电后数据会消失，因此调试期间可以用下载电缆配置 FPGA 器件，调试完成后，需要将数据固化在一个专用的 $E^2$PROM 中（用通用编程器烧写，也可以用电缆直接改写），上电时，由这片专用 $E^2$PROM 先对 FPGA 加载数据，十几毫秒到几百毫秒后，FPGA 即可正常工作（亦可由 CPU 配置 FPGA）。但 SRAM 工艺的 FPGA 一般不可直接加密。

下面以紫光同创公司 Logos 系列产品为例介绍 FPGA，其内部结构如图 3-9 所示。

Logos 系列产品包含创新的可配置逻辑单元（Configurable Logic Module，CLM）、专用的 18 Kb 存储单元（Dedicated RAM Module，DRM）、算数处理单元（Arithmetic Process Module，APM）、高速串行接口模块（High Speed Serial Transceiver，HSST）、多功能 I/O 以及丰富的片上时钟资源等模块，并集成了存储控制器（Hard Memory Controller，HMEMC）、模数转换模块（Analog-to-Digital Converter，ADC）等硬核资源。

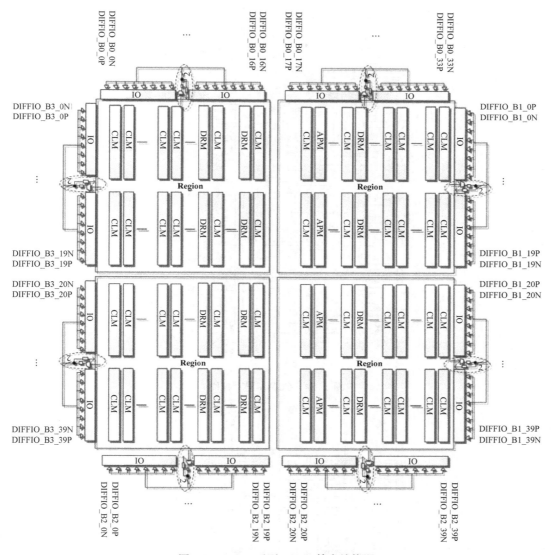

**图 3-9　Logos 系列 FPGA 基本结构图**

其中,CLM 模块用于实现 FPGA 的大部分逻辑功能,DRM 模块为芯片提供了丰富的 RAM 资源,APM 模块用于提供高效的数字信号处理能力,HSST 模块集成了丰富的物理编码层功能,可灵活应用于各种串行协议标准,HMEMC 用于 FPGA 内部数据的随机存储,ADC 模块用于实现模拟数据向数字数据的灵活转换,多功能 I/O 模块用于提供封装引脚与内部逻辑之间的接口,时钟资源模块用于实现 FPGA 内部的时钟控制与管理。

CLM 是 Logos 系列产品的基本逻辑单元,它主要由多功能 LUT5、寄存器以及扩展功能选择器等组成。CLM 在 Titan 系列产品中按列分布,支持 CLMA 和 CLMS 两种形态,其分布比例为 3∶1。CLMA 和 CLMS 均支持逻辑功能、算术功能以及寄存器功能,其中只有 CLMS 支持分布式 RAM 功能,CLMA 和 CLMS 的结构如图 3-10 和图 3-11 所示。

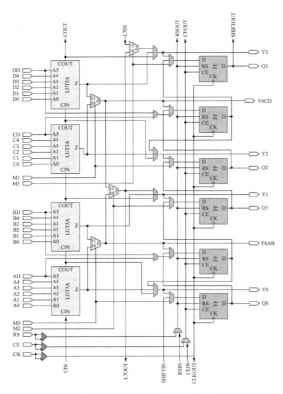

**图 3-10　CLMA 逻辑框图**

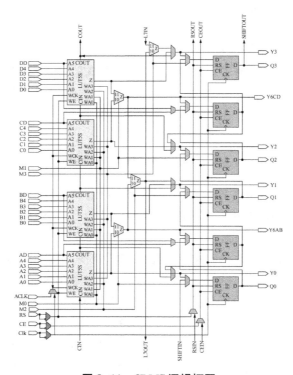

**图 3-11　CLMS 逻辑框图**

由于 LUT 主要适合 SRAM 工艺生产,所以目前大部分 FPGA 都是基于 SRAM 工艺的,而基于 SRAM 工艺的芯片在掉电后信息就会丢失,一般需要外加一片专用配置芯片,在上电的时候,由这个专用配置芯片把数据加载到 FPGA 中,使 FPGA 正常工作,由于配置时间很短,不会影响系统正常工作。也有少数 FPGA 采用反熔丝或 Flash 工艺,这种 FPGA 不需要外加专用的配置芯片。

近些年来,随着半导体技术的进步,FPGA 芯片的面积做得越来越小,而包含的硬件资源却越来越多,已经超越了传统意义上的 FPGA,向 SOC 的方向发展,其特点有:

(1) 添加了很多专用的逻辑单元,如乘法器、定点与浮点 DSP 单元、丰富的片上 RAM 资源,以及各种速率的串行收发器和物理接口等;

(2) 集成了片内 Flash 的 FPGA,不需要外部配置芯片,即可独立工作;

(3) 为很多重要且常用的功能添加了可重复使用的 IP 核,如 Xilinx 的 MicroBlaze 和 Altera 的 NIOS;

(4) 为了迎合人工智能时代的需求,FPGA 也添加了 AI 引擎、可变精度的 DSP 等 AI 应用;

(5) 定义了很多标准化的数据传输协议,例如 Serdes、SPI4.2、以太网 MAC 等,方便不同设计和模块之间的互联与通信;

(6) FPGA 的开发具有很强的便利性和易用性,亚马逊的云服务部门利用这样的特性推出了 FPGA 的云计算实例,使开发者能够充分利用最先进的 FPGA 开发工具和器件。

**2. 基于反熔丝技术的 FPGA**

基于反熔丝(Anti-fuse)技术的 FPGA 是不能重复擦写的,如 Actel,Quicklogic 的部分产品就采用这种工艺,这种 FPGA 需要使用专用编程器,所以开发过程比较麻烦,费用也比较高昂。但反熔丝技术也有许多优点:布线能力更强,系统速度更快,功耗更低,同时抗辐射能力强,耐高低温,可以加密,所以在一些有特殊要求的领域中运用较多,如军事及航空航天领域。为了解决反熔丝 FPGA 不可重复擦写的问题,Actel 等公司在 20 世纪 90 年代中后期开发了基于 Flash 技术的 FPGA,如 ProASIC 系列,这种 FPGA 不需要配置,数据直接被保存在 FPGA 芯片中,且用户可以改写(但需要十几伏的高电压)。

### 3.2.2　下载方式

以 Logos 系列 FPGA 为例,它使用 SRAM 单元存储配置数据,必须在每次上电后重新加载位流,其下载方式有以下几种:

(1) JTAG 模式:提供专用接口支持在线调试工具和边界扫描测试;利用 JTAG 接口直接对 FPGA 进行下载,因为 FPGA 掉电丢失的特性,所以这种模式只能用于调试。

(2) SPI Master 模式:位流通常保存在外部 SPI Flash 中,FPGA 主动从外部 SPI Flash 读取配置数据。

(3) SPI Slave 模式:可通过一个主控芯片来控制板上多个芯片的上电启动以及数据

加载,主控芯片可以是 microprocesser 或 CPLD;支持 1/2/4 bit 3 种数据位宽模式。

(4) Parallel Slave 模式:可通过一个主控芯片来控制板上多个芯片的上电启动以及数据加载,主控芯片可以是 microprocesser 或 CPLD;支持 8/16/32 bit 3 种数据位宽模式。

(5) Serial Slave 模式:可通过一个主控芯片来控制板上多个芯片的上电启动以及数据加载,主控芯片可以是 microprocesser 或 CPLD;拥有串行级联和混合级联两种方式,级联配置时,可将几个位流合成一个级联位流。

### 3.2.3 紫光同创公司 FPGA 简介

紫光同创主要有 Titan 和 Logos 两个 FPGA 系列产品,Titan 系列是具有国产自主产权的千万门级高性能 FPGA 产品,采用先进成熟工艺和自主产权的体系结构,广泛适用于通信网络、信息安全、数据中心、工业控制等领域。Logos 系列 FPGA 采用先进成熟工艺和全新 LUT5 结构,集成 RAM、DSP、ADC、Serdes、DDR3 等丰富的片上资源和 I/O 接口,具备低功耗、低成本和功能丰富的特点。

1. Titan 系列

Titan 系列 FPGA 是紫光同创电子有限公司推出的全新高性能 FPGA 产品,它采用了完全自主产权的体系结构和主流的 40 nm 工艺。Titan 系列产品包含创新的可配置逻辑单元(CLM)、专用 8 Kb 存储单元(DRM)、算术处理单元(APM)、高速串行接口模块(HSST)、多功能高性能 I/O 以及丰富的片上时钟资源等模块,适用于通信、视频、工业控制等多个应用领域。

Titan 系列 FPGA 资源规模如表 3-4 所示。

表 3-4 Titan FPGA 资源数量

| 器件 | LUT5 (个) | CLM | | DRM | | APM | | PLL (个) | GTP HSST (个) |
|---|---|---|---|---|---|---|---|---|---|
| | | CLM (个) | 分布式 RAM(b) | DRM (个) | DRM (Kb) | APM (个) | 18 bit 乘法器(个) | | |
| PGT30G | 24 960 | 6 240 | 99 840 | 94 | 1 692 | 32 | 64 | 4 | NA |
| PGT180H | 145 016 | 36 254 | 583 872 | 526 | 9 468 | 224 | 448 | 8 | 3 |

Titan 系列 FPGA 产品特性介绍:

(1) CLM

CLM 是 Titan 系列产品的基本逻辑单元,它主要由多功能 LUT5、寄存器以及扩展功能选择器等组成。其特性如下:

① 采用创新的 LUT5 逻辑结构。

② 每个 CLM 包含 4 个多功能 LUT5。

③ 每个 CLM 包含 6 个寄存器,其可配置的属性主要包括:

a. 灵活的数据输入选择;

b. 支持同步复位、同步置位、异步复位或异步置位模式；

c. 寄存器的时钟(Clk)、时钟使能(CE)、本地复位/置位(RS)信号均支持极性选择；

d. 时钟使能(CE)、本地复位/置位(RS)信号均支持快速级联链；

e. 支持移位寄存器的快速级联链。

④ 支持算术功能模式。

⑤ 支持快速算术进位逻辑。

⑥ 可高效实现多路选择功能。

⑦ 支持分布式 RAM 模式。

⑧ 支持级联链。

（2）DRM

DRM 为芯片提供了丰富的片上 RAM 资源，DRM 在 Titan 系列产品中按列分布。DRM 可配置的大小如表 3-5 所示。其特性如下：

① 单个 DRM 提供多达 18 432 bit 的存储空间。

② 支持多种工作模式，包括单口(Single Port, SP)RAM、双口(Dual Port, DP)RAM、简单双口(Simple Dual Port, SDP)RAM、ROM 以及 FIFO 模式。

③ 双口 RAM 和简单双口 RAM 支持双端口混合数据位宽。

④ 具有可选的输出寄存器。

⑤ 支持 Normal-Write, Transparent-Write 以及 Read-before-Write 三种写模式。

⑥ 支持 Byte-Write 功能。

⑦ 具有可选的数据地址锁存功能。

表 3-5　DRM 可配置的大小

| 模式 | 可配置的大小 | | | | | | | | |
|---|---|---|---|---|---|---|---|---|---|
| | 16Kb×1 | 8Kb×2 | 4Kb×4 | 2Kb×8 | 1Kb×16 | 512b×32 | 2Kb×9 | 1Kb×18 | 512b×36 |
| SPRAM | √ | √ | √ | √ | √ | √ | √ | √ | √ |
| DPRAM | √ | √ | √ | √ | √ | NA | √ | √ | NA |
| SDPRAM | √ | √ | √ | √ | √ | √ | √ | √ | √ |
| ROM | √ | √ | √ | √ | √ | √ | √ | √ | √ |
| 通用 FIFO | √ | √ | √ | √ | √ | √ | √ | √ | √ |

（3）APM

APM 为 Titan 系列产品提供了高效的数字信号处理能力。在 Titan 系列产品中，APM 按列分布。APM 由以下 4 个功能单元组成：

① Input Unit：实现输入数据的选择与寄存，用户可根据需要选择使用或不使用输入/输出寄存器。

② Preadd Unit：支持 4 个 8±8、两个 18±18 或 1 个 26±26 的预加减运算，内部还支

持一级流水寄存器。

③ Mult Unit：支持 4 个 9×9、两个 18×18、两个 18×19（需 Preadd Unit 使能）、一个 27×27 或一个 18×36 乘运算，其内部还支持一级流水寄存器。

④ Postadd Unit：支持专用的级联数据接口，包括两级加减法单元，支持可选的输出寄存器，可实现累加器的预置，溢出判断逻辑等功能。

APM 的特性如下：

① 支持宽位乘运算，每个 APM 内嵌两个 18×18 单元，可组合完成 27×27 运算。

② 可灵活配置为乘法、乘加、乘加和、乘累加和 FIR 模式，具有可选的输入、输出及两级内部流水寄存器。

③ 有可选的预加（Preadd）功能，在具有一定对称性的应用中可取得双倍的计算能力。

④ 集成了 64 bit Postadd 单元。

⑤ 支持优化的 FIR 应用模式。

⑥ 支持部分输入的动态选择，可以通过对 APM 分时复用获得更高的使用效率。

（4）HSST

Titan 系列产品内置了线速率高达 5.0 Gb/s 的 HSST。除了 PMA 功能，HSST 还集成了丰富的 PCS 功能，可灵活应用于各种串行协议标准。在 Titan 系列产品内部，HSST 按照 Quad 分布，每个 HSST Quad 支持 4 个全双工收发通道，其特性如下：

① 支持 Data Rate 速率：1.1～5.0 Gb/s。

② 具有灵活的参考时钟选择方式。

③ 发送通道和接收通道可独立配置。

④ 可编程输出摆幅和去加重。

⑤ PMA Rx/Tx 支持 SSC。

⑥ 数据通道支持 8 bit only，10 bit only，8B/10B 8 bit，16 bit only，20 bit only，8B/10B 16 bit，32 bit only，40 bit only 以及 8B/10B 32 bit 模式。

⑦ 具有可灵活配置的 PCS，可支持 PCIe GEN1、PCIe GEN2、XAUI、千兆以太网、CPRI、SRIO 等协议。

⑧ 具有灵活的字节对齐功能。

⑨ 支持 Rx Clock Slip 功能以保证固定接收延时。

⑩ 支持协议标准 8B/10B 编码解码。

⑪ 具有灵活的 CTC 方案。

⑫ 支持×2 和×4 的通道绑定。

⑬ 支持通过 HSST 的动态配置。

⑭ 具有近端环回和远端环回模式。

⑮ 具有内部 PRBS 功能。

（5）I/O

Titan 系列产品的 I/O 按照 Bank 分布，其特性如下：

① 基于 Bank 的 I/O 分组，$V_{CC\_IO}$ 支持 1.2 V，1.5 V，1.8 V，2.5 V 或 3.3 V。

② 支持多种输入/输出标准。

③ 支持高性能的 LVDS、PPDS 和 RSDS 等差分标准。

④ LVDS 支持速率可达 1.25 Gb/s。

⑤ 具有可编程的 IO BUFFER，内置上拉/下拉电阻。

⑥ 具有高性能的 IO LOGIC，满足各种接口应用。

⑦ 具有专用接口电路，支持 DDR/DDR2/DDR3 存储器接口（PGT30G 不支持），DDR 的接口数据速率可达 400 Mb/s，DDR2 可达 800 Mb/s，DDR3 可达 1 066 Mb/s。

（6）Clk

Titan 系列产品提供了丰富的时钟资源，包括基于象限的 GLOBAL Clk；基于 Region 的 REGIONAL Clk；专注于高速接口应用的 IO Clk；提供倍频锁相功能的 PLL 以及提供延迟锁相功能的 DLL。此外，Titan 系列产品还提供了 Clk 相关的特殊 I/O，包括 3 类：时钟输入管脚、PLL 参考时钟输入管脚以及 PLL 反馈输入时钟管脚。其特性如下：

① 基于象限的 GLOBAL Clk 网络，每个象限支持 14 个 GLOBAL Clk。

② 每个 Region 支持两个 REGIONAL Clk。

③ 水平方向两个 Region 可作为一个大 Region，共享 REGIONAL Clk 资源。

④ 支持多个 IO Clk。

⑤ 集成多个 PLL。

⑥ 每个 PLL 支持多达 5 个时钟输出。

⑦ 支持 PLL 的动态配置。

⑧ PLL 支持简易小数分频功能。

⑨ 集成多个 DLL。

（7）配置

Titan 系列产品使用 SRAM 单元存储配置数据，它必须在每次上电后重新加载位流。其特性如下：

① 支持多种编程模式。

② JTAG 模式符合 IEEE 1149.1 和 IEEE 1532 标准。

③ Master SPI 可选择 1/2/4 b 数据位宽，有效提高编程速度。

④ 支持 Serial Slave 模式。

⑤ 支持 Parallel Slave 模式。

⑥ 支持 Bitstream 加密。

⑦ 支持编程下载工具 Fabric Configuration。

⑧ 支持在线调试工具 Fabric Debugger。

2. Logos 系列

Logos 系列可编程逻辑器件是深圳市紫光同创电子有限公司推出的全新低功耗、低成本 FPGA 产品，它采用了完全自主产权的体系结构和主流的 40 nm 工艺。Logos 系列

FPGA 的内部结构前文已经介绍,此处不再赘述。Logos 系列 FPGA 适用于视频、工业控制、汽车电子和消费电子等多个应用领域。

Logos 系列 FPGA 的资源规模如表 3-6 所示。

表 3-6　Logos FPGA 资源数量

| 器件 | CLM | | | 18 Kb DRM (个) | APM (个) | PLL (个) | ADC (个) | HMEMC (个) | MAX USER IO (个) | HSST LANE | PCIE GNE2×4 CORE |
| --- | --- | --- | --- | --- | --- | --- | --- | --- | --- | --- | --- |
| | LUT5 (个) | FF (个) | 分布式 RAM (b) | | | | | | | | |
| PGL12G | 10 400 | 15 600 | 84 480 | 30 | 20 | 4 | 1 | 0 | 160 | 0 | 0 |
| PGL22G | 17 536 | 26 304 | 71 040 | 48 | 30 | 6 | 1 | 2 | 240 | 0 | 0 |
| PGL22GS | 17 536 | 26 304 | 71 040 | 48 | 30 | 6 | 0 | 0 | 140 | 0 | 0 |
| PGL25G | 22 560 | 33 840 | 242 176 | 60 | 40 | 4 | 0 | 0 | 308 | 0 | 0 |
| PGL50G | 42 800 | 64 200 | 544 000 | 134 | 84 | 5 | 0 | 0 | 341 | 0 | 0 |
| PGL50H | 42 800 | 64 200 | 544 000 | 134 | 84 | 5 | 0 | 0 | 304 | 4 | 1 |
| PGL100H | 85 392 | 128 088 | 1 013 504 | 286 | 188 | 8 | 0 | 0 | 498 | 8 | 1 |

Logos 系列 FPGA 产品特性介绍:

(1) CLM

Logos 系列 CLM 与 Titan 系列 CLM 功能特性基本相同,此处不再赘述。

(2) DRM

单个 DRM 有 18 Kb 存储单元,可以独立配置 2 个 9 Kb 或 1 个 18 Kb 存储单元,其支持多种工作模式,包括双口 RAM、简单双口 RAM、单口 RAM 或 ROM 模式,以及 FIFO 模式。DRM 支持可配置的数据位宽,并在 DP RAM 和 SDP RAM 模式下支持双端口混合数据位宽。PGL12 G 不支持 ROM。

(3) APM

每个 APM 由 I/O Unit、Preadder、Mult 和 Postadder 功能单元组成,支持每一级寄存器流水处理。每一个 APM 可实现 1 个 18×18 乘法器或两个 9×9 乘法器,支持预加功能;可实现 1 个 48 bit 累加器或 2 个 24 bit 累加器。Logos FPGA 的 APM 支持级联,可实现滤波器以及高位宽乘法器应用。

(4) HSST

Logos 系列产品内置了线速率高达 6.375 Gb/s 的 HSST。除了 PMA 功能,HSST 还集成了丰富的 PCS 功能,可灵活应用于各种串行协议标准。在 Logos 系列产品内部,每个 HSST 支持 1~4 个全双工收发 LANE,其特性如下:

① 支持 Data Rate 速率:0.6 Gb/s~6.375 Gb/s。

② 具有灵活的参考时钟选择方式。

③ 可编程输出摆幅和去加重。

④ 接收端具有自适应线性均衡器。

⑤ PMA Rx/Tx 支持 SSC。

⑥ 数据通道支持 8 bit only，10 bit only，8B/10B 8 bit，16 bit only，20 bit only，8B/10B 16 bit，32 bit only，40 bit only，8B/10B 32 bit、64B/66B、64B/67B 16 bit、64B/66B、64B/67B 32 bit 模式。

⑦ 具有可灵活配置的 PCS，可支持 PCIe GEN1、PCIe GEN2、XAUI、千兆以太网、CPRI、SRIO 等协议。

⑧ 具有灵活的字节对齐功能。

⑨ 支持 Rx Clock Slip 功能以保证固定接收延时。

⑩ 支持协议标准 8B/10B 编码解码。

⑪ 支持协议标准 64B/66B、64B/67B 数据适配功能。

⑫ 具有灵活的 CTC 方案。

⑬ 支持×2 和×4 的通道绑定。

⑭ HSST 的配置支持动态修改。

⑮ 具有近端环回和远端环回模式。

⑯ 具有内部 PRBS 功能。

（5）ADC

每个 ADC 的分辨率为 10 bit、采样率为 1 Ms/s，有 12 个通道，其中 10 个通道由模拟输入与 GPIO（通用输入与输出）复用，另外两个接专用模拟输入引脚。并且 12 个通道的采样率完全由 FPGA 灵活控制，用户可以通过设置决定最终由几个通道分享 1 Ms/s 的 ADC 采样率。

ADC 提供对片上电压及温度的监测功能，可对 $V_{CC}$、$V_{CC\ AUX}$、$V_{DDM}$（内部 LDO 输出电压）进行检测。其特性如下：

① 具有 10 bit 分辨率、1 Ms/s（独立 ADC 工作）采样率。

② 具有多达 12 个输入通道。

③ 具有集成温度传感器。

（6）I/O

Logos FPGA 的 I/O 按照 Bank 分布，每个 Bank 由独立的 I/O 电源供电。I/O 灵活可配置，支持 1.2～3.3 V 电源电压以及不同的单端和差分接口标准，以适应不同的应用场景。所有的用户 I/O 都是双向的，内含 IBUF、OBUF 以及三态控制 TBUF。Logos FPGA 的 IOB 功能强大，可灵活配置接口标准、输出驱动、Slew Rate、输入迟滞等。

IOL 模块位于 IOB 和 Core 之间，对要输入和输出 FPGA 内部的信号进行管理。

IOL 支持各种高速接口，除了支持数据直接输入/输出、I/O 寄存器输入/输出模式外，还支持以下功能：

① ISERDES：针对高速接口，支持 1∶2、1∶4、1∶7、1∶8 的输入串并转换功能。

② OSERDES：针对高速接口，支持 2∶1、4∶1、7∶1、8∶1 的输出并串转换功能。

③ 内置 I/O 延迟功能,可以动/静态调整输入/输出延迟。

④ 内置输入 FIFO,主要用于完成从外部非连续 DQS(针对 DDR 存储器)到内部连续时钟的时钟域转换和一些特殊的 DDR 应用中采样时钟和内部时钟的相差补偿。

(7) Clk

Logos 系列产品内部被划分为不同数量的区域,提供了丰富的片上时钟资源,PLL 以及 3 类时钟网络:全局时钟、区域时钟、I/O 时钟。其中 I/O 时钟相比其他时钟具有频率高、时钟偏移小以及延时小的特点。时钟资源详见表 3-7。其特性如下:

① 支持 3 类时钟网络,可灵活配置。

② 具有基于区域的全局时钟网络。

③ 每个区域有 4 个区域时钟,支持垂直级联。

④ 高速 I/O 时钟,支持 I/O 时钟分频。

⑤ 具有可选的数据地址锁存、输出寄存器。

⑥ 集成多个 PLL,每个 PLL 支持多达 5 个时钟输出。

表 3-7　Logos 系列产品时钟资源

| 特性 | PGL12G | PGL22G | PGL25G | PGL50H PGL50G | PGL100H |
|---|---|---|---|---|---|
| 区域数量 | 4 | 6 | 4 | 6 | 10 |
| 全局时钟数 | 20 | 20 | 20 | 30 | 30 |
| 每个区域 支持全局时钟数 | 16 | 12 | 16 | 16 | 16 |
| 每个区域 支持局域时钟数 | 4 | 4 | 4 | 4 | 4 |
| I/O Bank 数 | 4 | 6 | 4 | 4 | 6 |
| 每个 I/O Bank 支持 I/O 时钟数 | 2 | 2 | 4 | BANK0/2：4 BANK1/3：6 | BANK0/2：4 BANK1/3：10 |
| 总 I/O 时钟数 | 8 | 12 | 16 | 20 | 28 |
| PLL 数量 | 4 | 6 | 4 | 5 | 8 |

(8) 配置

配置是对 FPGA 进行编程的过程。Logos FPGA 使用 SRAM 单元存储配置数据,每次上电后都需要重新配置;配置数据可以由芯片主动从外部 Flash 获取,也可通过外部处理器或控制器将配置数据下载到芯片中。

Logos FPGA 支持多种配置模式,包括 JTAG 模式、SPI Master 模式、SPI Slave 模式、Parallel Slave 模式、Serial Slave 模式和主 BPI 模式。其特性如下:

① 支持多种编程模式。

② JTAG 模式符合 IEEE 1149 和 IEEE 1532 标准。

③ Master SPI 可选择最高 8 bit 的数据位宽,有效提高编程速度。

④ 支持 BPI ×8/×16、Serial slave、Parallel 模式。

⑤ 支持 slave 模式。

⑥ 支持 AES-256 位流加密(2),支持 64 bit 位宽。

⑦ 支持 UID 保护。

⑧ 支持 SEU 检错纠错。

⑨ 支持多版本位流回退功能。

⑩ 支持看门狗超时检测。

⑪ 支持编程下载。

⑫ 支持在线调试。

(9) 存储器控制系统

PGL DDR 存储器控制系统为用户提供一套完整的 DDR 存储控制器解决方案,配置方式灵活。

PGL22G 集成了 HMEMC,它有如下特点:

① 支持 LPDDR,DDR2,DDR3。

② 支持×8、×16 存储芯片。

③ 支持标准的 AXI4 总线协议(burst type 不支持 fixed 模式)。

④ 一共 3 个 AXI4 Host Port,1 个 128 bit,两个 64 bit 位宽。

⑤ 支持 AXI4 Read Reordering 模式。

⑥ 支持 BANK Management。

⑦ 支持 Low Power Mode,Self_refresh,Power down,Deep Power Down 工作模式。

⑧ 支持 Bypass DDRC、支持 Bypass HMEMC。

⑨ 支持 DDR3 Write Leveling 和 DQS Gate Training 工作模式。

⑩ DDR3 最快速率达 800 Mb/s。

PGL12G、PGL25G、PGL50G、PGL50H、PGL100H 只能采用软核实现对 DDR 存储器的控制,它们有如下特点:

① 支持 DDR3。

② 支持×8、×16 Memory Device 存储芯片。

③ 最大位宽支持 16 bit。

④ 支持裁剪的 AXI4 总线协议。

⑤ 有一个 AXI4 128 bit Host Port。

⑥ 支持 Self_refresh,Power down 工作模式。

⑦ 支持 Bypass DDRC。

⑧ 支持 DDR3 Write Leveling 和 DQS Gate Training 工作模式。

⑨ DDR3 最快速率达 800 Mb/s。

## 3.3　CPLD 与 FPGA 的区别与联系

CPLD/FPGA 既继承了 ASIC 的大规模、高集成度、高可靠性的优点，又克服了普通 ASIC 设计周期长、投资大、灵活性差的缺点，它们逐步成为复杂数字硬件电路设计的首选。当代 CPLD/FPGA 有以下特点：

3.3

（1）规模越来越大。随着 VLSI 工艺的不断提高，单一芯片内部可以容纳上百万个晶体管，FPGA 芯片的规模也越来越大。单片逻辑门数已逾千万，如紫光同创的 Titan 系列 PGT180H 已经达到千万门的规模。芯片的规模越大所实现的功能越强，同时也更适合实现片上系统。

（2）开发过程投资小。CPLD/FPGA 芯片在出厂之前都做过严格的测试，而且 CPLD/FPGA 设计灵活，发现错误可以直接更改设计，这样减少了投片的风险，节省了许多潜在的花费。所以不但许多复杂系统使用 FPGA 完成，甚至设计 ASIC 时也要把实现 FPGA 功能样机作为必要的步骤。

（3）CPLD/FPGA 一般可以反复地编程、擦除。在不改变外围电路的情况下，设计不同片内逻辑就能实现不同的电路功能。所以用 CPLD/FPGA 试制功能样机，能以最快的速度占领市场。甚至在有些领域，因为相关标准协议发展太快，设计 ASIC 跟不上更新速度，只能依靠 CPLD /FPGA 完成系统的研制与开发。

（4）CPLD/FPGA 开发工具智能化，功能强大。现有的 CPLD/FPGA 开发工具种类繁多、智能化程度高，功能强大。应用各种工具可以完成从输入、综合、实现到配置芯片等一系列功能。还有很多工具可以完成对设计的仿真、优化、约束、在线调试等功能。这些工具简单易学，可以使设计人员更能集中精力进行电路设计，快速将产品推向市场。

（5）新型 FPGA 内嵌 CPU 或 DSP 内核，支持软硬件协同设计，可以作为片上可编程系统的硬件平台。

CPLD 与 FPGA 除了具有上述共同优点之外，在工艺、规模、应用场合等方面还是有区别的，具体区别与联系见表 3-8。

表 3-8　CPLD 与 FPGA 的区别与联系

| 项目 | FPGA | 传统 CPLD | 新式 CPLD | 注解 |
|---|---|---|---|---|
| 工艺 | 查找表结构 SRAM 技术 | 乘积项结构 $E^2$PROM 或 Flash 工艺 | 查找表结构 SRAM 技术 | |
| 触发器资源 | 丰富 | 较少 | 一般 | FPGA 适合时序逻辑；CPLD 适合组合逻辑 |
| Pin to Pin 延时 | 不可预测 | 固定 | 不可预测 | 对 FPGA 来说，时序约束和仿真非常重要 |
| 规模和复杂度 | 规模大，复杂度高 | 规模小，复杂度低 | 规模一般，复杂度一般 | FPGA 实现复杂设计；CPLD 实现简单设计 |

续表

| 项目 | FPGA | 传统 CPLD | 新式 CPLD | 注解 |
|---|---|---|---|---|
| 成本和价格 | 成本高,价格高 | 成本低,价格低 | 成本低,价格低 | CPLD 适合低成本设计 |
| 硬件资源 | 包括 DSP、RAM、PLL 等资源 | 不含 DSP、RAM、PLL 等资源 | 包括 RAM、PLL 等资源 | CPLD 适合逻辑控制,FPGA 适合复杂的算法和接口转换 |
| 配置方式 | 关闭电源后,逻辑内容丢失,需要外加 $E^2$PROM 或者由 CPU 进行配置,上电需要一段时间进行加载 | 关闭电源,逻辑内容不会丢失;正常上电,芯片就可以工作,不需要加载时间 | 关闭电源,逻辑内容不会丢失;正常上电,芯片就可以工作,不需要加载时间 | CPLD 适合进行单板上电的配置 |
| 保密性 | 一般保密性较差 | 好 | 好 | CPLD 更适合需要保密的设计 |
| 连线资源 | 分布式,丰富的连线资源 | 集总式,相对布线资源有限 | 分布式,丰富的连线资源 | FPGA 布线灵活,但是时序更难规划,一般需要时序约束,静态时序分析,时序仿真等手段提高并验证时序性能 |

> **结论：**
>
> CPLD 主要应用于单板的逻辑控制,如上电顺序、系统配置、I/O 扩展等;
>
> FPGA 主要应用于复杂场景下,如总线转换,以及复杂的诸如数字信号处理算法等。

图 3-12 是一个设计中的 CPLD 与 FPGA 的典型应用,其中 CPLD 完成 CPU 子系统的上电以及基本的单板逻辑控制;FPGA 完成 CPU 与其他主要工作芯片之间的接口转换。

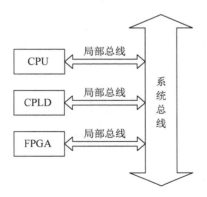

图 3-12　典型应用

**思考题**

1. CPLD 有几种结构,各自特点是什么?

2. FPGA 有几种结构,各自特点是什么?

3. CPLD 结构里面主要有哪些硬件资源?

4. FPGA 结构里面主要有哪些硬件资源?

5. CPLD 与 FPGA 主要应用于哪些场合?

# 第4章 CPLD/FPGA 设计基础

本章主要介绍 CPLD/FPGA 设计中的基本概念和一些典型的设计实例,包括同步与异步电路的设计、时钟与复位的设计、状态机的设计等设计实例,以及由于竞争、冒险和亚稳态造成的临界设计,最后介绍 CPLD/FPGA 最重要的设计指标——速度与资源,以及大规模 FPGA 的开发方法——模块化设计。

## 4.1 同步与异步电路设计

数字电路分为同步电路与异步电路两种。

同步电路:又称时序逻辑电路或时序电路,是指电路的稳定输出信号不仅取决于电路的输入信号,还与电路当时所处的状态有关。同步电路通常由寄存器来实现,而输入信号是在时钟信号统一节拍下起作用的。

异步电路:又称组合逻辑电路或组合电路,是指该电路在任一时刻的输出状态仅由该时刻的输入信号状态决定,与电路的状态无关。异步电路通常由一些逻辑门电路构成。

### 4.1.1 同步电路设计

由同步电路的定义可以知道,同步电路通常由寄存器实现,那么最简单的同步电路就是一个寄存器电路。

【例 4.1】最简单的同步电路——寄存器的 Verilog HDL 描述。

```
reg Q;
always @ (posedge Clk or negedge Rst_n or negedge Set_n)
begin
    if(~ Rst_n)
    begin
        Q<=1'b0;
    end
    else if(~ Set_n)
    begin
```

```
        Q<=1'b1;
    end
    else
    begin
        Q <=D;
    end
end
```

例 4-1 是一个典型寄存器电路的描述, 综合到芯片中
具体硬件结构如图 4-1 所示。

说明:

（1）第一个 if 语句对应的复位信号就是图 4-1 中的
Rst_n 信号, 其作用是在 Rst_n 信号的下降沿将寄存器的
输出复位为 0;

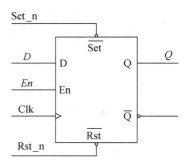

图 4-1 寄存器的硬件结构

（2）第二个 else if 语句对应的是置位信号, 就是图
4-1 中的 Set_n 信号, 作用是在 Set_n 信号的下降沿将寄存
器输出置位为 1;

（3）最后的 else 语句对应时钟的上升沿, 执行的操作
是将 D 信号采样输出到 Q 端;

（4）一个 always 中最多只能有三个沿采样信号, 分别对应着复位、置位和时钟, 沿采
样条件不占用除寄存器以外的硬件资源。

【例 4.2】移位寄存器的 Verilog HDL 描述。

```
reg   Reg1 ;
reg   Reg2 ;
reg   Reg3 ;
reg   Reg4 ;
reg   Dout ;
always @ (posedge Clk or negedge Rst_n)
begin
    if(~ Rst_n)
    begin
        Dout <=1'b0;
        Reg4 <=1'b0;
        Reg3 <=1'b0;
        Reg2 <=1'b0;
        Reg1 <=1'b0;
```

```
    end
    else
    begin
        Dout <= Reg4;
        Reg4 <= Reg3;
        Reg3 <= Reg2;
        Reg2 <= Reg1;
        Reg1 <= Din;
    end
end
```

例 4.2 是一个移位寄存器的描述,综合到芯片中具体硬件结构如图 4-2 所示:

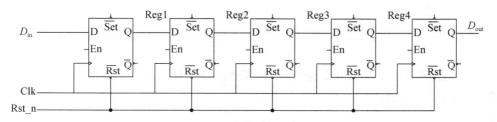

**图 4-2　移位寄存器的硬件结构**

说明:

本例中没有使用置位信号,所以只有两个沿采样信号。

**同步电路设计要点:**

1. 使用 always 语句以及非阻塞赋值语句"<="对 reg 型的变量进行赋值运算。

2. always 语句的敏感列表中含有一个以上的 posedge 或者 negedge 沿关键词。

3. 一个 always 语句至多含有三个沿采样信号,一个对应复位,一个对应置位,一个对应时钟。

## 4.1.2　异步电路设计

异步电路在硬件上通常是由逻辑门电路实现的,那么用 Verilog HDL 怎么来描述呢?

异步电路用 Verilog HDL 来描述共有两种形式:

(1)用 assign 语句来描述异步电路:

【**例 4.3**】assign 语句描述的 2 选 1 选择器。

```
assign C=Sel ? B : A;
```

例 4.3 用 assign 语句描述 2 选 1 的选择器。

（2）用 always 语句来描述异步电路：

【**例 4.4**】always 语句描述的 2 选 1 选择器。

```
reg   C;
always @ (A or B or Sel)
begin
    if (Sel)
    begin
        C=B;
    end
    else
    begin
        C=A;
    end
end
```

例 4.4 描述的是一个 2 选 1 的选择器，其硬件结构和例 4.3 完全相同，具体硬件结构示意图如图 4-3 所示。

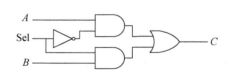

**图 4-3　2 选 1 选择器硬件结构示意图**　　　　**图 4-4　2 选 1 选择器硬件结构图**

其具体硬件结构图如图 4-4 所示。

> **异步电路设计要点：**
> 1. 使用 assign 语句以及阻塞赋值语句"＝"对 wire 型的变量进行赋值运算。
> 2. 使用 always 语句以及阻塞赋值语句"＝"对 reg 型的变量进行赋值运算。注意：此时的 reg 型变量代表的仍然是连线资源，而不是寄存器。
> 3. always 的敏感列表中没有 posedge 或者 negedge 等沿关键词并且所有源信号必须出现在 always 的敏感列表中，或用"＊"表示所有信号。

## 4.1.3　双向 I/O 接口电路设计

FPGA、CPLD 对外接口一共有 3 种形式：输入、输出以及输入输出双向接口。它们的定义格式如下：

输入接口：

input　　端口名 1,端口名 2,…,端口名 N;

输出接口：

　　　　　　　output　　端口名 1,端口名 2,…,端口名 N;

输入输出双向接口：

　　　　　　　inout　　端口名 1,端口名 2,…,端口名 N;

　　无论定义为输入、输出还是输入输出双向接口,FPGA 或者 CPLD 的 I/O 接口硬件结构都是一样的,具体结构如图 4-5 所示。

　　图 4-5 所示的 I/O 硬件结构由一个三态门,一个使能位,输入连线和输出连线组成。

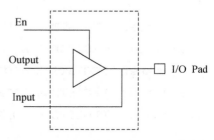

图 4-5　FPGA/CPLD 的 I/O 硬件结构

　　(1) 定义为输出。使能位有效,I/O 的作用就是将信号输出,可以定义为 wire 型输出(使用输出连线)或者寄存器型输出(使用输出寄存器或者内部寄存器,其具体区别见习题 1 解答)。

　　(2) 定义为输入。使能位无效,对外输出高阻,输入信号可以进入芯片内部。由结构可知,输入引脚只能定义为 wire 型。

　　(3) 定义为输入输出双向。使能位有效,I/O 的作用是输出;使能位无效,I/O 的作用就是输入,所以双向 I/O 引脚只能定义为 wire 型。

【例 4.5】双向 I/O 电路设计。

```
module cpu_interface(
    cs_n      ,
    wr_n      ,
    rd_n      ,
    clk       ,
    reset_n   ,
    addr      ,
    data
    );
input       cs_n      ;      //定义模块的输入端口 cs_n=片选,低有效
input       wr_n      ;      //定义模块的输入端口 wr_n=写信号,低有效
input       rd_n      ;      //定义模块的输入端口 rd_n=读信号,低有效
input       clk       ;      //定义模块的输入端口 clk=时钟信号
input       reset_n   ;      //定义模块的输入端口 reset_n=复位信号
input[7:0]  addr      ;      //定义模块的输入端口 addr=地址信号
inout[7:0]  data      ;      //定义模块的输入输出端口 data=双向数据信号
```

87

```verilog
wire[7:0]    data       ;      //输入输出端口 data 定义为 wire 型
reg          output_en;        //输出使能信号
reg[7:0]     r_data     ;
reg[7:0]     register3;
reg[7:0]     register4;

parameter   REGISTER1_ADDR = 8'h00  ;
parameter   REGISTER2_ADDR = 8'h01  ;
parameter   REGISTER3_ADDR = 8'h02  ;
parameter   REGISTER4_ADDR = 8'h03  ;
parameter   REGISTER5_ADDR = 8'h04  ;

always @ (posedge clk or negedge reset_n)   //always 语句:读内部 CPU 寄存器
begin
    if(~ reset_n)
    begin
        r_data      <=8'h00;
        output_en  <=1'b0;
    end
else
begin
    if(~ rd_n)
    begin
        case(addr)
        REGISTER1_ADDR:
        begin
            r_data       <=8'h55;
            output_en    <=1'b1;
        end
        REGISTER2_ADDR:
        begin
            r_data       <=8'haa;
            output_en    <=1'b1;
        end
        endcase
    end
```

```
    else
    begin
        r_data      <= 8'h00;
        output_en   <= 1'b0;
    end
end

assign data=output_en ? r_data : 8'hzz;        //输出三态门

always @ (posedge clk or negedge reset_n)      //always 语句：写内部 CPU
                                                寄存器
begin
    if(~ reset_n)
    begin
        register3<= 8'h00;
        register4<= 8'h00;
    end
else
begin
    if(~ wr_n)
    begin
        case(addr)
        REGISTER3_ADDR:
        begin
            register3<= data;
        end
        REGISTER4_ADDR:
        begin
            register4<= data;
        end
        endcase
    end
    else
    begin
        register3 <= register3;
        register4 <= register4;
```

```
    end
end
endmodule
```

例 4.5 以 CPU 接口为例,描述了输入输出 I/O 接口的 Verilog HDL 描述方式。

---

**双向 I/O 接口电路设计要点:**

1. 双向 I/O 接口信号必须用 wire 型定义。

2. 使用 always 语句以及输出使能信号来控制三态门的工作状态,输出使能信号为 "1",三态门输出,输出使能信号为 "0" 时,三态门关闭,对外输出高阻,信号可以输入。

3. 双向 I/O 信号只能用在真正接口信号,FPGA 内部的信号必须是单向传输。

---

### 4.1.4　同步与异步电路的区别与联系

**1. 同步电路与异步电路的异同点**

同步电路与异步电路的特点和应用场合的比较,如表 4-1 所示。

**表 4-1　同步电路与异步电路的比较**

| | 同步电路 | 异步电路 |
|---|---|---|
| 特点 | 抗噪声能力强;<br>占用寄存器和连线资源;<br>不完整 case 与 if-else 语句对同步电路没有危险 | 抗噪声能力弱;<br>占用连线资源,不占用寄存器资源;<br>不完整 case 与 if-else 语句对异步电路会产生锁存器的危险 |
| 应用场合 | 环境噪声比较大的设计;<br>寄存器资源丰富的设计,如利用 FPGA 进行的设计 | 环境噪声比较小的设计;<br>寄存器资源不够丰富的设计,如利用 CPLD 进行的设计 |

**2. 锁存器**

锁存器(Latch)是在输入信号不变时,输出信号保持不变的异步电路。产生锁存器的原因是不完整的 case 或者 if-else 语句。

**【例 4.6】**同步电路中不完整的 if-else 语句。

```
always @ (posedge Clk or negedge Rst_n)
begin
    if(~ Rst_n)
    begin
        Q<=1'b0;
    end
    else
```

```
begin
    if(ena)
    begin
        Q< = D;
    end
end
end
```

例 4.6 综合出来的仍然是图 4-1 所示的寄存器,ena 信号接到了寄存器的 En 引脚。

【例 4.7】异步电路中不完整的 if-else 语句。

```
always @ (ena or D)
begin
    if(ena)
    begin
        Q< = D;
    end
end
```

例 4.7 综合出来的硬件结构不是一个寄存器(寄存器在硬件结构中是存储单元,即可以存储数据的硬件结构),而是一个依靠硬件的连线结构,组合逻辑的反馈实现数据保持。组合逻辑反馈实现的数据保持会使竞争冒险(在下一节中将详细介绍竞争冒险与亚稳态)等异步问题产生,而且由于使用组合逻辑的反馈来完成数据的保持,必定造成数据的不稳定,所以应该避免这种不规范的设计方法。

3. 阻塞与非阻塞语句在同步与异步电路中的应用

(1) 用 assign 语句描述的异步电路使用阻塞赋值语句"=";

(2) 用 always 语句以及沿采样信号描述的同步电路使用非阻塞赋值语句"<=";

(3) 用 always 语句描述的异步电路使用阻塞赋值语句"="。

有关阻塞赋值语句"="与非阻塞赋值语句"<="之间的区别几乎每一本语法书都会讲解,但是角度不尽相同;本书从硬件的角度来给读者作一个清晰的描述。

从前几章内容可知,硬件的逻辑资源只有寄存器和连线资源,因此无论语法上写成什么模式,经 EDA 软件综合之后只有可能是寄存器或者连线资源。

有了这个结论之后,一切变得极其简单:

(1) 用 assign 语句描述的异步电路只能使用阻塞赋值语句"=",若使用非阻塞赋值语句"<=",目前业界无论哪一款综合工具还是编译工具都会报告出错;

(2) 用 always 语句以及沿采样信号描述的同步电路应使用非阻塞赋值语句"<=",若使用阻塞赋值语句"=",则不同的综合工具可能会综合出不同的结果(例如综合为寄存器或者组合逻辑,但是大多数综合工具会将其综合为寄存器,一般最后综合工具会以警告

的形式提醒开发人员）；

（3）用 always 语句描述的异步电路使用阻塞赋值语句"＝"，如果使用非阻塞赋值语句"＜＝"，目前业界几乎所有的综合工具都会将其综合为异步组合电路，但是使用 ModelSim 进行前后仿真的结果可能会不同（一般来讲后仿真结果比前仿真结果提前一个周期），因为 ModelSim 的前仿真是基于数学上对代码的分析，而后仿真是基于布线后的真实情况进行的时序仿真。

## 4.2  时钟、复位与临界设计——分析逻辑中的竞争、冒险以及亚稳态

时钟以及复位电路是 CPLD/FPGA 中两个重要的设计要点，同时也是设计难点。

4.2

### 4.2.1  时钟系统的设计

无论是用离散逻辑、可编程逻辑，还是用全定制器件实现任何数字电路，设计不良的时钟在极限温度、电压或制造工艺存在偏差的情况下将导致系统的错误行为，所以可靠的时钟设计是非常关键的。在 FPGA 设计时通常采用以下 3 种时钟：全局时钟、门控时钟、多时钟系统。

#### 1. 全局时钟

对于一个设计来说，全局时钟（或同步时钟）是最简单和最可预测的时钟。在 FPGA 设计中最好的时钟方案是：由专用的全局时钟输入引脚驱动单个主时钟去控制设计中的每一个触发器。FPGA 一般都具有专门的全局时钟引脚，在设计时应尽量采用全局时钟，它能够提供器件中最短的时钟布线延时。图 4-6 给出了全局时钟的一个实例，定时波形显示触发器的输入数据 D[3:1]应遵守建立时间 $t_{su}$ 和保持时间 $t_h$ 的约束条件。

有关建立时间和保持时间的定义请参见 4.2.3 节内容，其具体数值可在 FPGA 器件的数据手册中找到，当然也可用开发软件的定时分析器进行分析。

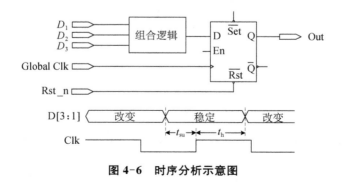

图 4-6  时序分析示意图

#### 2. 门控时钟

在许多应用中，整个设计都采用外部的全局时钟是不可能和不实际的，所以通常用组

合逻辑与时序的组合构成门控时钟。每当用组合逻辑来控制触发器时,通常都存在着门控时钟。在使用门控时钟时,应仔细分析时钟函数,以避免毛刺的影响。如果设计满足下述两个条件,则可以保证时钟信号不出现危险的毛刺,门控时钟就可以像全局时钟一样可靠工作。

（1）驱动时钟的逻辑必须只包含一个"与门"或一个"或门",如果采用任何附加逻辑,就会在某些工作状态下出现由于逻辑竞争而产生的毛刺。

（2）逻辑门的一个输入作为实际的时钟,而该逻辑门的所有其他输入必须被当成地址或控制线,它们遵守相对于时钟的建立和保持时间的约束。

图 4-7 和图 4-8 是可靠门控时钟的实例。在图 4-7 中,用一个"与门"产生门控时钟。在图 4-8 中,用一个"或门"产生门控时钟。在这两个实例中,将引脚 We_n 作为时钟引脚,引脚 Add[3:0] 是地址引脚,两个触发器的数据是信号 D[n:1] 经组合逻辑产生的。

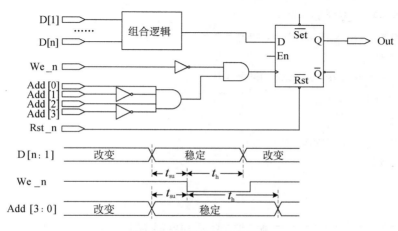

图 4-7　"与门"产生的时钟

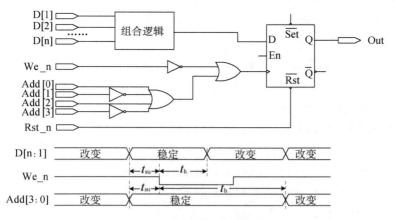

图 4-8　"或门"产生的时钟

### 3. 多时钟系统

许多系统要求在同一设计内采用多时钟,最常见的例子是两个异步微处理器之间的接口,或微处理器与异步通信通道的接口。由于两个时钟信号之间要求有一定的建立时间和保持时间,所以上述应用引进了附加的定时约束条件,它们会要求将某些异步信号同步化。

多时钟系统有两种解决方式:

(1) 总线型信号

对于无规则变化的数据总线,利用双端口 RAM 或者 FIFO 进行时钟域的屏蔽;对于有规则变化的地址总线(地址变化的形式为递增或者递减)可以利用格雷码进行时钟域切换。

(2) 单根信号

可以利用两个寄存器串行存储的方式来解决异步时钟域的问题,但是前提条件是后一个时钟比前一个时钟工作的频率要快。

【例 4.8】用格雷码来屏蔽时钟域。

```verilog
module fifo_graysamp(
    //==== system reset====
    I_rst_n  ,
    //==== system clock====
    I_clk1   ,
    I_clk2   ,
    //==== output====
    O_add
);


//---------------------External Signal Definition-------------------
//==== input====
input      I_rst_n    ;
input      I_clk1     ;
input      I_clk2     ;

//==== output====
output[7:0]  O_add      ;

//--------------------Internal Signal Definition-------------------
//==== output register define====
reg[7:0]  O_add;

//==== internal signal define====
reg[7:0]  R_cont        ;
```

```verilog
reg[7:0]   R_add_gray    ;
reg[7:0]   R1_add_gray   ;
reg[7:0]   R2_add_gray   ;


//---------------------Main Body of Code---------------------
always @ (posedge I_clk1 or negedge I_rst_n)
begin
    if(~ I_rst_n)
    begin
        R_cont<=8'd0;
    end
    else
    begin
        R_cont<=R_cont+ 8'd1;
    end
end


always @ (posedge I_clk1 or negedge I_rst_n)
begin
    if(~ I_rst_n)
    begin
        R_add_gray<=8'd0;
    end
    else
    begin
        R_add_gray[7]<=R_cont[7];
        R_add_gray[6]<=R_cont[7]^R_cont[6];
        R_add_gray[5]<=R_cont[6]^R_cont[5];
        R_add_gray[4]<=R_cont[5]^R_cont[4];
        R_add_gray[3]<=R_cont[4]^R_cont[3];
        R_add_gray[2]<=R_cont[3]^R_cont[2];
        R_add_gray[1]<=R_cont[2]^R_cont[1];
        R_add_gray[0]<=R_cont[1]^R_cont[0];
    end
end
```

```verilog
always @ (posedge I_clk2 or negedge I_rst_n)
begin
    if(~ I_rst_n)
    begin
        R1_add_gray<=8'd0;
    end
    else
    begin
        R1_add_gray<=R_add_gray;
    end
end

always @ (posedge I_clk2 or negedge I_rst_n)
begin
    if(~ I_rst_n)
    begin
        R2_add_gray<=8'd0;
    end
    else
    begin
        R2_add_gray<=R1_add_gray;
    end
end

always @ (posedge I_clk2 or negedge I_rst_n)
begin
    if(~ I_rst_n)
    begin
        O_add<=8'd0;
    end
    else
    begin
        O_add[7]<=R2_add_gray[7];
        O_add[6]<=R2_add_gray[7]^R2_add_gray[6];
        O_add[5]<=R2_add_gray[7]^R2_add_gray[6]^
                  R2_add_gray[5];
```

```
        O_add[4]<=(R2_add_gray[7]^R2_add_gray[6])^
                (R2_add_gray[5]^R2_add_gray[4]);
        O_add[3]<=(R2_add_gray[7]^R2_add_gray[6])^
                (R2_add_gray[5]^R2_add_gray[4])^
                R2_add_gray[3];
        O_add[2]<=(R2_add_gray[7]^R2_add_gray[6])^
                (R2_add_gray[5]^R2_add_gray[4])^
                (R2_add_gray[3]^R2_add_gray[2]);
        O_add[1]<=(R2_add_gray[7]^R2_add_gray[6])^
                (R2_add_gray[5]^R2_add_gray[4])^
                (R2_add_gray[3]^R2_add_gray[2])^
                R2_add_gray[1];
        O_add[0]<=(R2_add_gray[7]^R2_add_gray[6])^
                (R2_add_gray[5]^R2_add_gray[4])^
                (R2_add_gray[3]^R2_add_gray[2])^
                (R2_add_gray[1]^R2_add_gray[0]);
    end
end
endmodule
```

格雷码切换时钟域的准则：

（1）针对地址信号按照固定顺序增加或者减少一个单位的特殊情况，利用格雷码可以屏蔽时钟域；

（2）若地址信号随机变化，利用格雷码不可屏蔽时钟域。

格雷码切换时钟域的原因分析：

当格雷码每次增加或者减少一个单位时，其只变化一位的编码方式，则在不同时钟域情况下，不同时钟采样之间只相差一个单位，即只存在系统延时，不存在系统错误。因此，格雷码可用来切换地址信号时钟域。

对于单根信号的例子，参见 4.2.3 小节中的亚稳态分析。

> **时钟系统设计准则：**
>
> 　1. 稳定可靠的时钟是保证系统可靠工作的重要条件，设计中不能将任何可能含有毛刺的输出作为时钟信号，并且尽可能只使用一个全局时钟。
>
> 　2. 对于多时钟系统要特别注意异步信号和非同源时钟的同步问题。
>
> 　3. 尽量避免使用门控时钟。

### 4.2.2 复位电路的设计

复位的作用是什么？复位对于 FPGA 设计来说是不是必需的？许多开发人员都有过这样的疑问,在这里我们来回答这两个问题。

复位的作用是确保同步电路在每次复位后有一个固定而可靠的初始状态。根据实际应用,分为下面两种情况:

(1) 同步电路:稳定而可靠的复位是必须的,它可以保证电路在每次上电运行时,初始状态是固定而可靠的;

(2) 异步电路:复位信号对于异步电路来说是多余的,异步电路的状态完全由输入信号确定,所以不需要初始状态。

复位在硬件电路中共有两种形式:同步复位和异步复位。

1. 同步复位

同步复位电路:复位信号在时钟的沿(上升沿或者下降沿)处起作用的电路称为同步复位电路。

【例 4.9】同步复位电路的 Verilog HDL 描述。

```
always @ (posedge Clk)
begin
    if(~ SRst)
    begin
        Q<=1'b0;
    end
    else
    begin
        Q<=Din;
    end
end
```

例 4.9 所描述的硬件结构如图 4-9 所示:

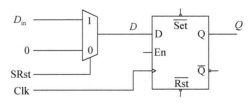

**图 4-9　同步复位电路的硬件结构图**

2. 异步复位

异步复位电路:复位信号的作用与时钟不相关,即复位信号只要有效,电路立即进入复位状态的电路称为异步复位电路。

【例 4.10】异步复位电路的 Verilog HDL 描述。

```
always @ (posedge Clk or negedge Rst_n)
begin
    if(~ Rst_n)
    begin
        Q<= 1'b0;
    end
    else
    begin
        Q<= D1 && D2;
    end
end
```

例 4.10 所描述的硬件结构如图 4-10 所示：

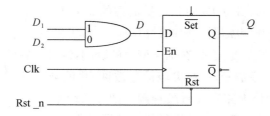

**图 4-10　异步复位电路的硬件结构图**

---

**同步复位与异步复位的区别：**

1. 同步复位在时钟沿起作用，所以具有同步电路的所有优点以及缺点。
2. 异步复位的复位信号是通过寄存器本身的异步复位引脚起作用的，所以比同步复位电路更节省资源。
3. 由于复位的重要性，所以一个可靠的设计对复位信号的质量要求非常高，复位信号源只能是以下两种信号：
   (1) 由外部直接输入的稳定信号；
   (2) 由内部寄存器输出的信号。

---

## 4.2.3　临界设计

### 1. 建立与保持时间的概念

建立时间($t_{su}$)：在时钟跳变前数据必须保持稳定（无跳变）的时间。

保持时间($t_h$)：在时钟跳变后数据必须保持稳定的时间。

如图 4-11 所示,每一种具有时钟和数据输入的同步数字电路都会在技术指标表中规定建立时间和保持时间,必须满足建立时间和保持时间的要求数据才能稳定传输,否则输出数据就可能有错误,或变得不稳定。在 FPGA 设计中,应对信号的建立时间和保持时间做充分考虑,尽量避免在数据建立时间内或其附近读取数据。

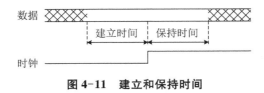

图 4-11  建立和保持时间

## 2. 临界设计

临界设计是指一个设计的建立时间、保持时间以及各种时间约束处于临界状态的一种情况。所谓临界设计就是指指标刚刚达到要求,或者与具体的要求相差不大的设计。

临界设计包括两种情况:

(1) 竞争与冒险现象

信号在 FPGA 器件内部通过连线和逻辑单元时,都有一定的延时,延时的大小与连线的长短和逻辑单元的数目有关,同时还受器件的制造工艺、工作电压、温度等条件的影响。信号的高低电平转换也需要一定的过渡时间。由于存在延时和过渡时间这两方面因素,多路信号的电平值发生变化时,在信号变化的瞬间,组合逻辑的输出状态不确定,往往会出现一些不正确的尖峰信号,这些尖峰信号被称为"毛刺"。如果一个组合逻辑电路中有"毛刺"出现,就说明该电路存在冒险现象。图 4-12 给出了一个逻辑竞争与冒险的例子,从图中的仿真波形可以看出,A、B、C、D 4 个输入信号的高低电平变换不是同时发生的,导致输出信号"Out"出现了毛刺。由于信号路径长度不同,译码器、数值比较器以及状态计数器等器件本身容易出现冒险现象,将这类器件直接连接到时钟输入端、清零或置位端口的设计方法是错误的,这可能会导致严重的后果。图 4-12 的逻辑竞争与冒险往往会影响到逻辑电路的稳定性,时钟端口、清零和置位端口对毛刺信号十分敏感,任何一点毛刺都可能会使系统出错,因此判断逻辑电路中是否存在冒险以及如何避免冒险是设计人员必须要考虑的问题。判断一个逻辑电路在某些输入信号发生变化时是否会产生冒险,可以从逻辑函数的卡诺图或逻辑函数表达式入手。对此问题感兴趣的读者可以参考有关脉冲与数字电路方面的书籍和文章。

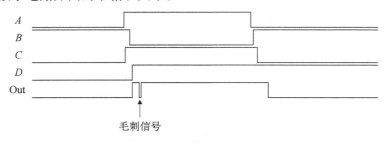

图 4-12  逻辑竞争与冒险

在数字电路设计中,采用格雷码计数器、同步电路等可以大大减少毛刺,但并不能完全消除毛刺。毛刺并不是对所有的输入都有危害,例如 $D$ 触发器的 $D$ 输入端,只要毛刺不出现在时钟的上升沿并且满足信号建立和保持时间的要求,就不会对系统造成危害,因此我们可以说 $D$ 触发器的 $D$ 输入端对毛刺不敏感。消除毛刺信号的方法有很多,通常使用“采样”的方法。一般说来,冒险会出现在信号发生电平转换的时刻,也就是说在输出信号的建立时间内会发生冒险,而在输出信号的保持时间内是不会有毛刺信号出现的。如果在输出信号的保持时间内对其进行“采样”,就可以消除毛刺信号的影响。

（2）亚稳态现象

亚稳态是指一个寄存器的输入信号不满足建立时间、保持时间,而导致输出信号不稳定的现象。

如图 4-13 所示为寄存器的输出信号：

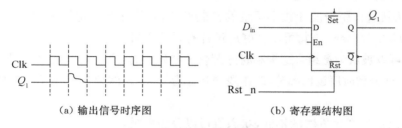

（a）输出信号时序图　　　　　　（b）寄存器结构图

**图 4-13　寄存器输出信号（亚稳态）**

经过一个寄存器的输出,由于信号不满足寄存器建立、保持时间的要求,所以输出信号不稳定。

如果将这个寄存器的输出信号输入到另一个同时钟的寄存器,那么第二个寄存器的输出信号就是可靠而稳定的。原因就是第一个寄存器输出的信号虽然不稳定,但是经过第一个寄存器后,满足了同一个时钟寄存器的建立和保持时间的要求,所以经过第二个寄存器后,数据就稳定了,如图 4-14 所示。

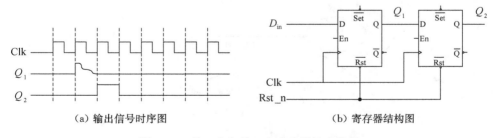

（a）输出信号时序图　　　　　　（b）寄存器结构图

**图 4-14　第一个和第二个寄存器输出信号**

竞争冒险、亚稳态等临界设计对于一个良好的设计来说是有很大风险的,因为这些临界设计并不总是出现,而是不定时地在某些特定的情况下出现,比如,异步信号之间的传递,由于没有任何的相位关系,所以有可能出现信号的沿和时钟的上升沿同时到达的情况,那么必然不满足寄存器的建立时间,所以针对这种情况,必须用两个寄存器串行存储,才可以有效地解决这个问题。

> **设计准则:**
> 1. 竞争冒险是针对异步电路而言的,因此减少异步电路的数量,多采用同步电路设计可以减少竞争冒险现象。
> 2. 亚稳态是针对同步电路而言的,在同步电路时钟域切换时,可以通过两级寄存器转换解决亚稳态问题。

## 4.3 有限状态机设计

有限状态机(Finite State Machine,FSM)是时序电路设计中经常采用的一种方法,尤其适合用于设计数字系统的控制模块,是许多数字电路的核心。用 Verilog HDL 的 case 语句可以很好地设计有限状态机。

状态机可以被认为是组合逻辑和时序逻辑的特殊组合,它一般包括两个部分:组合逻辑部分和时序逻辑部分,时序逻辑用于存储状态,组合逻辑用于状态译码和产生输出信号。

根据输出信号产生方法的不同,状态机可以分为两类:

米里(Mealy)型:输出由当前状态和当前输入决定。

摩尔(Moore)型:输出只是当前状态的函数。

根据 Verilog HDL 描述方式的不同,状态机又分为同步状态机和异步状态机。

状态机一般可由状态图来表示,如图 4-15 所示。

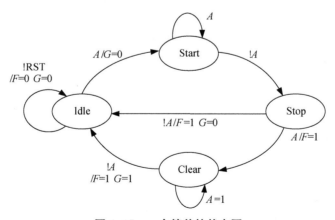

**图 4-15　一个简单的状态图**

有限状态机设计的一般步骤:

(1) 逻辑抽象,得出状态转换图

就是把给出的一个实际逻辑关系表示为时序逻辑函数,可以用状态转换表来描述,也可以用状态转换图来描述。这就需要：

①　分析给定的逻辑问题,确定输入变量、输出变量以及电路的状态数,通常是取原因(或条件)作为输入变量,取结果作为输出变量。

②　定义输入、输出逻辑状态的含意,并对电路状态顺序编号。

③　按照要求列出电路的状态转换表或画出状态转换图。

这样,就可以把给定的逻辑问题抽象成一个时序逻辑函数了。

（2）状态化简

如果在状态转换图中出现这样两个状态,它们有相同的输入,并会转换为同一状态,得到一样的输出,则称它们为等价状态。显然等价状态是重复的,可以将它们合并为一个。电路的状态数越少,存储电路也就越简单。状态化简的目的是将等价状态尽可能地合并,以得到最简的状态转换图。

（3）状态分配

状态分配又称状态编码。编码方法通常有很多,编码方案选择得当,设计的电路可以简单,反之,设计的电路就会复杂许多。实际设计时,需综合考虑电路复杂度与电路性能之间的折中,在触发器资源丰富的 FPGA 或 ASIC 设计中采用独热编码（one-hot-coding）既可以使电路性能得到保证又可充分利用其触发器数量多的优势。

（4）选定触发器的类型并求出状态方程、驱动方程和输出方程

（5）按照方程得出逻辑图

用 Verilog HDL 来描述有限状态机,可以充分发挥硬件描述语言的抽象建模能力,使用 always 块语句和 case(if)等条件语句及赋值语句即可方便实现。

图 4-15 是一个简单状态机的状态图,下面用两种不同的 Verilog HDL 描述方式来设计。

【例 4.11】同步状态机。

```
module   FSM(
    //= = = = input = = = =
    Rst     ,
    Clk     ,
    A       ,
    //= = = = output = = = =
    F       ,
    G
    );


//-------------------External Signal Definitions-------------------
//= = = = input = = = =
input    Rst    ;
input    Clk    ;
```

```verilog
input    A      ;

//= = = = output = = = =
output  F  ;
output  G  ;

//= = = = output register define = = = =
reg    F    ;
reg    G    ;

//= = = = internal register define = = = =
reg[3:0]    state    ;

//= = = = parameter = = = =
parameter   Idle =    4'b0001;
parameter   Start =   4'b0010;
parameter   Clear =   4'b0100;
parameter   Stop =    4'b1000;

//--------------------main source--------------------
always @ (posedge Clk or negedge Rst)
begin
    if(~ Rst)
    begin
        F<= 1'b0;
        G<= 1'b0;
        state<= Idle;
    end
    else
    begin
        case(state)
        Idle:
        begin
            if(A)
            begin
                G<= 1'b0;
```

```verilog
            state<=Start;
        end
        else
        begin
            state<=Idle;
        end
    end
Start:
begin
    if(~ A)
    begin
        state<=Stop;
    end
    else
    begin
        state<=Start;
    end
end
Stop:
begin
    if(A)
    beign
        F<=1'b1;
        state<=Clear;
    end
    else
    begin
        state<=Idle;
    end
end
Clear:
begin
    if(~ A)
    begin
        F<=1'b1;
        G<=1'b1;
```

```verilog
                                state<=Idle;
                    end
                    else
                    begin
                        state<=Clear;
                    end
                end
                default:
                begin
                    F    <=1'b0;
                    G    <=1'b0;
                    state<=Idle;
                end
                endcase
            end
        end
    endmodule
```

**【例 4.12】异步状态机**

```verilog
module   FSM(
    //====input====
    Rst   ,
    Clk   ,
    A     ,
    //====output====
    F     ,
    G
    )    ;

//-------------------External Signal Definitions-------------------
//====input====
input   Rst  ;
input   Clk  ;
input   A    ;

//====output====
output  F    ;
```

```verilog
output   G    ;

//= = = = output register define = = = =
reg    F    ;
reg    G    ;

//= = = = internal register define = = = =
reg[3:0]    state      ;
reg[3:0]    next_state  ;

//= = = = parameter = = = =
parameter   Idle   =   4'b0001;
parameter   Start  =   4'b0010;
parameter   Clear  =   4'b0100;
parameter   Stop   =   4'b1000;

//-------------------main source---------------------
always @ (posedge Clk or negedge Rst)
begin
    if(~ Rst)
    begin
        state<= Idle;
    end
    else
    begin
        state<= next_state;
    end
end

always @ (A or state)
begin
    case(state)
    Idle:
    begin
        if(A)
        begin
            G<= 1'b0;
            next_state<= Start;
```

```
                end
            else
            begin
                next_state<=Idle;
            end
        end
    Start:
    begin
        if(~ A)
        begin
            next_state<=Stop;
        end
        else
        begin
            next_state<=Start;
        end
    end
    Stop:
    begin
        if(A)
        beign
            F<=1'b1;
            next_state<=Clear;
        end
        else
        begin
            next_state<=Idle;
        end
    end
    Clear:
    begin
        if(~ A)
        begin
            F<=1'b1;
            G<=1'b1;
            next_state<=Idle;
```

```
            end
        else
        begin
            next_state<=Clear;
        end
    end
    default:
    begin
        F<=1'b0;
        G<=1'b0;
        next_state<=Idle;
    end
    endcase
end
endmodule
```

表 4-2  状态机设计要点

| 同步状态机 | 异步状态机 |
|---|---|
| always 块的敏感列表中只有时钟和复位 | always 块的敏感列表不含时钟,包括所有的输入以及 state 信号 |
| 定义一个状态变量 state,state 的值由当前 state 以及输入决定 | 定义一个当前状态变量 state 和一个相同位宽的 next_state,next_state 由当前状态 state 以及输入决定,state 的值在时钟的沿由 next_state 传递而来。<br>异步状态机其实只是就其写法而言,无论什么形式的状态机都是按照时钟的节拍同步运行的 |
| 状态变量 state 的定义方式:<br>1. 最快的状态机:one-hot 编码状态机<br>编码实例:<br>STATE0　　　　STATE1　　　　STATE2　　　　STATE3<br>4'b0001　　　4'b0010　　　4'b0100　　　4'b1000<br>2. 最节约资源的状态机:二进制编码状态机<br>编码实例:<br>STATE0　　　　STATE1　　　　STATE2　　　　STATE3<br>2'b00　　　　2'b01　　　　2'b10　　　　2'b11<br>3. 使用 parameter 来定义状态<br>由于 one-hot 编码状态机的每一位对应着一个状态,所以它不需要译码电路,运行速度较快,同样由于它每一位对应一个状态,所以资源使用同样较多。它采用的是一个典型的以资源换效率的设计思想 | |
| 状态机异常状态的处理:<br>状态机也有异常的时候,当状态机进入异常状态时,基本的设计原理是使其能自动从异常中恢复出来,最简单的设计原则是在 case 语句的最后一个条件分支后加上 default 语句,或者在 if 语句的最后一个条件之后加上 else 语句,使状态机恢复到复位之后的状态,等待下一个正确状态的到来 | |

## 4.4　速度与资源——折中设计方案

FPGA 设计中有两个最重要的设计指标:速度与资源。这两个指标是一对相互矛盾的设计指标,即速度指标与资源指标是互相制约的,一个指标提高,必然导致另外一个指标降低,所以设计时,必须综合考虑,选取一个折中的设计方案。下面我们将分别介绍这两个指标以及如何提高它们的性能。

4.4

### 4.4.1　速度——并行处理

速度指标:一个设计在具体的某个芯片中可以运行的最高工作频率。

首先来研究一下速度指标在芯片中由什么因素限制。

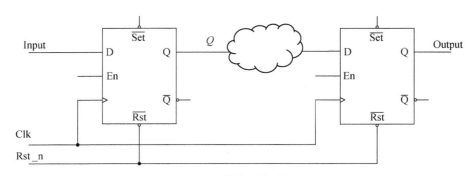

图 4-16　基本时序分析图

图 4-16 是一个设计的基本时序分析图,从图中可以看出时钟 Clk 可以运行的最高频率是由第一个寄存器的输出时间 $T_{co}$,逻辑延时 $T_{logic}$ 以及第二个寄存器的建立时间 $T_{su}$ 决定的,即:

$$T_{cycle} = T_{co} + T_{logic} + T_{su}$$

$$F_{max} = 1/T_{cycle}$$

因为 $T_{co}$、$T_{su}$ 是由芯片特性决定的,所以 $T_{logic}$ 便是制约速度指标的唯一因素,如何减少 $T_{logic}$ 呢? 下面我们来回答这个问题。

提高速度指标的几个具体的方法:

1. 并行处理

并行处理就是将所有的输入条件全译码,如图 4-17 所示,然后直接输出结果:

对应的 Verilog HDL 代码:

```
always @(A or B or C or D)
begin
    case(sel)
```

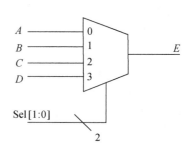

图 4-17　并行处理示意图

```
2'b00:E=A;
2'b01:E=B;
2'b10:E=C;
2'b11:E=D;
endcase
end
```

另一种并行处理的例子是加法,如:

assign F = A + B + C + D;

其综合后对应的硬件结构如图 4-18(a)所示。如果改为:

assign F = (A + B) + (C + D);

则对应的硬件结构如图 4-18(b)所示。

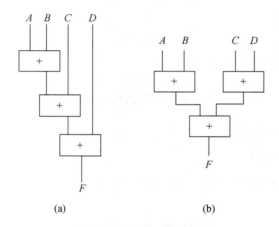

图 4-18 加法处理示意图

显然,在第二种 Verilog HDL 语言的描述方法中,信号只经过两级延时,比第一种描述的方法要少一级延时,处理速度自然要快许多。

**设计要点:**

并行处理的优点是并行处理所有的条件,延时小、速度快;缺点是并行处理时将所有的条件全部展开,会消耗大量的硬件资源;并行处理的特点就是使用 case 语句将所有的条件全部展开。

2. 流水线处理

流水线处理类似于 DSP 器件中流水线的概念,就是将一个复杂的逻辑运算分解成几个简单的逻辑运算,以寄存器分割大延时的处理方式来提高工作频率,如图 4-19 所示。

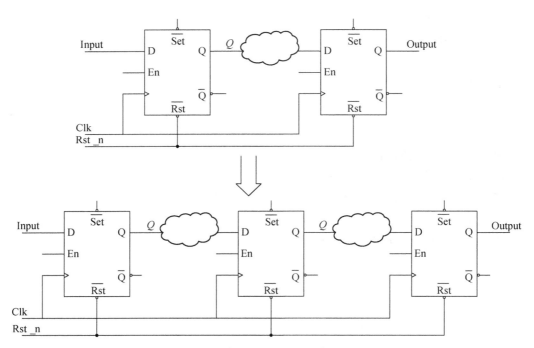

**图 4-19 流水线的概念**

对应的 Verilog HDL 代码如下。

没有经过流水线的代码：

```
always @ (posedge Clk or negedge Rst)
begin
    if(~ Rst)
    begin
        Q<= 1'b0;
    end
    else
    begin
        Q<= A+ B+ C+ D;
    end
end
```

经过一级流水线的代码：

```
always @ (posedge Clk or negedge Rst)
begin
    if(~ Rst)
    begin
```

```
        Q<= 1'b0;
        E<= 1'b0;
        F<= 1'b0;
    end
    else
    begin
        E<= A+ B;
        F<= C+ D;
        Q<= E+ F;
    end
end
```

**设计要点：**

　　流水线处理提高速度的原理就是缩短 $T_{logic}$，将一个大的 $T_{logic}$ 分解成几个小的 $T_{logic}$。流水线提高系统运行频率是以牺牲资源和增加系统处理时延为代价的。

　　3.“位运算”——最底层的逻辑设计

　　数字设计中最基本的运算结构是与、或、非，其他所有的运算都是构建在这 3 种运算基础之上的。

　　比如，比较运算 A(4 bit)等于 5，可以表示成：

$$A==5$$

　　或者：　　　　$(\sim A[3]) \&\&(A[2])\&\&(\sim A[1])\&\&(A[0])$

　　第二种表示方式就是“位运算”方式，它直接以最底层的设计思想，帮助综合工具理解代码，可以综合出最高效率的代码，从而提高代码的运行速度。

　　4.“先到先得”——关键路径的提取

　　一个设计达不到期望的速度往往是因为几个关键路径的 $T_{logic}$ 太大，所以只要找到关键路径，并对其进行相应的处理，就可以大幅提高设计的运行速度。

　　在设计中，延时大的逻辑设计有：

　　(1) 加减法运算。位宽越宽，加减法的运算延时越大，加减法的个数越多，延时越大。

　　(2) 比较运算。比较的位宽越宽，延时越大。

　　(3) 乘法运算。乘法运算一般使用 FPGA 中的硬件乘法器资源，现在乘法运算已经不是速度的限制因素。

　　(4) 逻辑条件级数多的路径。条件级数越多，路径延时就越大；如果条件级数多，且在内部还含有加减法和比较运算，那么延时将会更大。这时，提高运行速度最好的方法是将加减法和比较运算的条件级数减少。

　　在找到一个项目的关键路径之后，我们可以采用前面介绍的几种方法，来缩短 $T_{logic}$，从而提高设计运行的速度。

### 4.4.2 资源——串行处理

资源指标：就是设计一个代码所使用的芯片硬件资源。有些参考书籍中称之为"面积"，两种表达是一个意思。

提高资源使用率的方法：

1. 串行处理

串行处理就是将条件按照优先级的关系，一级一级地展开，如图 4-20 所示。

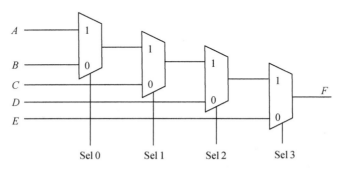

**图 4-20　串行处理示意图**

对应的 Verilog HDL 代码：

```
always @ (Sel0 or Sel1 or Sel2 or Sel3 or A or B or C or D or E)
begin
    if (~ Sel3)
    begin
        F=E;
    end
    else
    begin
        if(~ Sel2)
        begin
            F=D;
        end
        else
        begin
            if(~ Sel1)
            begin
                F=C;
```

```
                    end
                else
                begin
                    if(~ Sel0)
                    begin
                        F=B;
                    end
                    else
                    begin
                        F=A;
                    end
                end
            end
        end
end
```

**设计要点：**

　　串行处理的缺点是要串行处理一级一级的条件，延时大、速度慢；优点是将一级一级的条件分次执行，消耗的硬件资源比较少；串行处理的特点就是使用 if-else 语句将一级一级的条件分次执行。

　　2. 状态机——资源的超级杀手

　　有限状态机，无论是异步还是同步、one-hot 编码状态机还是二进制编码状态机（当然，相对而言，二进制编码状态机比 one-hot 编码状态机节省资源），都具有速度快的特点，这也是为什么状态机这么普遍地用于高速电路设计的原因。

　　前面已经介绍过，速度与资源是一对互相矛盾的指标，速度快必然导致资源使用率高。同样，从状态机实现的原理可以看出，状态机的最大特点是速度快，所以状态机也是最消耗资源的一种代码设计方法。

　　那么状态机是不是在资源紧张的场合不能应用呢？

　　答案当然是否定的，状态机也有一种节约资源的设计方法：if-else 状态机。所以状态机的设计方案不仅要根据速度指标还要根据资源的具体情况进行合理选择。

　　【例 4.13】使用 if-else 语句的状态机，用 if-else 语句来描述例 4.12 的状态机。

```
module  FSM(
    //= = = = input = = = =
    Rst    ,
    Clk    ,
```

```
    A       ,
//= = = = output = = = =
    F       ,
    G
    );


//-------------------External Signal Definitions-------------------
//= = = = input = = = =
input   Rst     ;
input   Clk     ;
input   A       ;


//= = = = output = = = =
output  F       ;
output  G       ;


//= = = = output register define = = = =
reg     F       ;
reg     G       ;


//= = = = internal register define = = = =
reg[3:0]    state       ;
reg[3:0]    next_state  ;


//= = = = parameter = = = =
parameter   Idle    =   4'b0001;
parameter   Start   =   4'b0010;
parameter   Clear   =   4'b0100;
parameter   Stop    =   4'b1000;


//-------------------main source-------------------
always @ (posedge Clk or negedge Rst)
begin
    if(~ Rst)
    begin
        F<= 1'b0;
```

```
            G<=1'b0;
        state<=Idle;
    end
    else
    begin
        if(state ==Idle )
        begin
            if(A)
            begin
                G<=1'b0;
                state<=Start;
            end
            else
            begin
                state<=Idle;
            end
        end
        else if (state==Start)
        begin
            if(~ A)
            begin
                state<=Stop;
            end
            else
            begin
                state<=Start;
            end
        end
        else if (state==Stop)
        begin
            if(A)
            beign
                F<=1'b1;
                state<=Clear;
            end
            else
```

```
            begin
                state<=Idle;
            end
        end
        else if(state==Clear)
        begin
            if(~ A)
            begin
                F<=1'b1;
                G<=1'b1;
                state<=Idle;
            end
            else
            begin
                state<=Clear;
            end
        end
        else
        begin
            F<=1'b0;
            G<=1'b0;
            state<=Idle;
        end
    end
end
endmodule
```

**表 4-3　两种状态机的比较**

|  | case 状态机 | if-else 状态机 |
|---|---|---|
| 特点 | 1. 并行处理,速度快;<br>2. 占用资源较多;<br>3. 可以使用状态图进行设计;<br>4. 无优先级,所有条件的优先级相同 | 1. 串行处理,速度随 if-else 语句的嵌套级数增加而变慢;<br>2. 占用资源较少;<br>3. 利用标识位进行状态转移;<br>4. 有优先级 |
| 应用场合 | 1. 对速度要求严格的设计;<br>2. 状态复杂,转移分支较多的状态机 | 1. 对资源要求严格的设计;<br>2. 状态比较简单,转移分支少的状态机 |

## 4.5　大规模 FPGA 的开发——模块化设计

当我们设计时序和功能相对比较简单的 CPLD/FPGA 时,一般一个模块就可以实现所有的功能,但当我们要开发时序和功能都相对复杂的设计时,就要利用模块化设计。

4.5

模块化设计:将所要开发的项目按照功能划分成一个个独立的子模块,再分别设计的一种设计方法。

【例 4.14】双 CPU 读写接口转换的设计实例。

两个 CPU 进行通信,由于接口不相同不能无缝对接,所以使用 FPGA 进行接口转换(这也是 FPGA 一个很重要的应用),两个 CPU 的接口时序图如图 4-21 和图 4-22 所示。

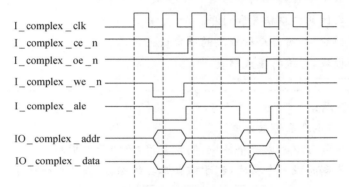

**图 4-21　CPU1 接口时序图**

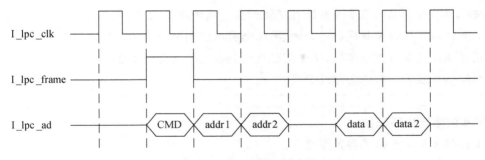

**图 4-22　CPU2 接口时序图**

(1) 设计方案:将两个 CPU 的接口作为两个独立的模块,以双口 RAM 存储交换的数据。

(2) 模块说明:

top.v:调用两个子模块 cpu_data_addr_complex 和 cpu_lpc 以及 RAM 的 IP 核。

cpu_data_addr_complex.v:实现 CPU1 的接口时序,并将从 CPU1 接收的数据,转化为标准的双口 RAM 总线,传输给双口 RAM,并从双口 RAM 中读取 CPU2 传输过来的数据。

cpu_lpc.v：实现 CPU2 的接口时序，并将从 CPU2 接收的数据，转化为标准的双口 RAM 总线，传输给双口 RAM，并从双口 RAM 中读取 CPU1 传输过来的数据。

dual_ram1.v：双口 RAM 存储器的 IP 核。

dual_ram2.v：双口 RAM 存储器的 IP 核。

（3）详细设计：双 CPU 读写接口转换的设计实例见附录 C.1。

例 4.14 是一个双 CPU 接口的数据转换设计实例，从中可以了解到大规模 FPGA 开发的基本模式。模块化设计是大规模 FPGA 开发的一个重要的手段。

附录 C.1

---

**大规模 FPGA 开发的基本模式：**

1. 根据功能将一个项目具体划分为若干子模块。
2. 定义子模块之间的接口信号和时序。
3. 设计每个子模块，并对每个子模块的接口进行仿真。
4. 集成每个子模块，并进行集成仿真。

---

**模块化设计的优点：**

1. 便于团队开发，以及后期的维护。
2. 相同功能的设计可以做成一个模块，利于复用，节约开发周期。
3. 相同功能的代码构成一个模块，利于综合工具的综合，提高综合效率。

---

**模块划分原则：**

1. 要根据功能独立的基本原则进行模块划分。模块不要太多，也不宜太少，因为综合工具是以模块为单位进行综合的，要做到将功能相同的代码划分到一个模块。
2. 顶层模块包含所有子模块，不含有任何的组合逻辑或者时序逻辑。
3. 模块划分层次一般不要超过 3 层。

---

**信号和时序定义原则：**

1. 输出信号尽量使用寄存器型变量。
2. 两个子模块之间的接口要有明确的时序图。
3. 子模块之间的信号只能是单向信号。

---

### 思考题

1. 输出寄存器与内部寄存器的区别是什么？
2. 同步电路与异步电路的区别以及优缺点是什么？
3. 双向电路的特点是什么以及如何应用？
4. FPGA 内部有双向电路吗？
5. 高阻是不是在任何地方都可以使用？

6. 异步复位电路为什么比同步复位电路更节省资源?

7. 为什么并行处理速度快,资源利用率低;而串行处理速度慢,资源利用率高?

8. if-else 语句的嵌套级数的定义是什么?

9. 为什么子模块输出信号要尽量使用寄存器型变量?

# 第5章 FPGA 在数字信号处理系统中的应用

本章主要介绍 FPGA 在数字信号处理系统中的应用。根据数字信号处理系统的特点,分别介绍数在 FPGA 中的表示方法,FPGA 中的加减法结构、乘法结构等;通过与数字信号处理系统中应用最为广泛的 DSP(数字信号处理)芯片的比较,分析出 FPGA 在数字信号处理系统中的应用方式以及应用前景;介绍 FPGA 在数字信号处理系统中的 2 个设计实例——FIR 滤波器与 IIR 滤波器;最后介绍紫光同创公司 IP Core 的应用。

## 5.1 数的表示方法

5.1

### 5.1.1 数字系统中数的二进制表示

在数字系统中,各种数据要转换为二进制代码才能进行处理,而人们习惯于使用十进制数,所以在数字系统的输入输出中仍采用十进制数,这样就需要用二进制数来表示十进制数。用二进制数表示十进制数的方式有很多种,表 5-1 汇总了几种二进制计数方式,并给出其优缺点。

表 5-1  几种二进制计数方式

| 计数方式 | 数值范围 | 优点 | 缺点 |
|---|---|---|---|
| 无符号整数 | $0 \sim 2^N - 1$ | 最常用的计数方式,易于执行数学运算 | 无法表示负数 |
| 二进制补码 | $-2^{N-1} \sim 2^{N-1} - 1$ | 可表示正负数,易于执行数学运算 | 需要一个额外的比特作为符号位 |
| 格雷码 | $0 \sim 2^N - 1$ | 相邻数字之间只有一位不同,适用于物理系统的接口 | 难以执行数学运算 |
| 带符号整数 | $-2^{N-1} \sim 2^{N-1} - 1$ | 可表示正负数,与十进制计数方式很相似 | 难以执行数学运算 |
| 偏移二进制补码 | $-2^{N-1} \sim 2^{N-1} - 1$ | 常用于 A/D、D/A 变换器,易于执行数学运算 | — |
| 二进制反码 | $-2^{N-1} + 1 \sim 2^{N-1} - 1$ | 易于执行逻辑"非"运算 | 难以执行数学运算 |

| 计数方式 | 数值范围 | 优点 | 缺点 |
|---|---|---|---|
| 浮点数 | — | 具有很大的动态范围 | 执行算术运算时需要大量的硬件资源 |
| 块浮点数 | — | 具有很大的动态范围,所需的硬件资源较浮点数少 | 在给定时间内所有数都具有相同的指数 |

## 5.1.2　定点数和浮点数

在数字系统中,数的表示方法可以分为定点数和浮点数两大类。

如果小数点的位置事先已有约定,不再改变,称此类数为"定点数"。相比之下,如果小数点的位置可变,则称此类数为"浮点数"。

定点数:常用的定点数有两种表示形式,如果小数点位置约定在最低数值位的后面,则该数只能是定点整数;如果小数点位置约定在最高数值位的前面,则该数只能是定点小数。如果知道一个定点数的小数点约定位置和占用存储空间大小,那么很容易确定其表示数的范围。

浮点数:浮点数表示法来源于数学中的指数表示形式,如 193 可以表示为 $0.193 \times 10^3$ 或 $1.93 \times 10^2$ 等。一般地,数的指数形式可记作:

$$N = M \times R^C \tag{5.1}$$

其中,$M$ 称为"尾数",$C$ 称为"指数"。

在存储时,一个浮点数所占用的存储空间被划分为两部分,分别用于存放尾数和指数。尾数部分通常使用定点小数方式,指数则采用定点整数方式。尾数的长度影响该数的精度,而指数则决定该数的表示范围。同样大小的空间中,可以存放远比定点数取值范围大得多的浮点数,但浮点数的运算规则比定点数复杂。

浮点数具有很大的动态范围,可以非常精确地表示一个数值。由于在执行算术运算时需要大量的硬件资源,所以浮点数计数方法的使用成本很高。因此块浮点数计数方法应运而生。

块浮点数计数方法被广泛用于信号处理领域,如执行 FFT 运算,它消耗的硬件资源要比浮点数少得多。块浮点数可以跟踪数值动态范围的变化,例如做 256 点 FFT 变换,数据宽度为 16 位,动态范围是 −32 768～32 767,经过 FFT 的第一级运算后,取值范围是 −65 536～65 535。为了保持数据宽度不变,可以将所有 256 个点的数值均除以 2,然后在寄存器中置入一个"1",这样通过增加一位寄存器,达到既增加了数据的动态范围,又未增加数据宽度的目的。这种计数方法采用的就是块浮点数。需要注意的是,不要将浮点数和块浮点数相混淆,这二者之间是有较大区别的,它们的动态范围不同,执行算术运算所需的硬件资源也不相同。

### 5.1.3 FPGA 中数的表示

在 FPGA 中由于受到资源等的限制,设计一般都采用定点数的表示方法,现在紫光同创的 CPLD/FPGA 生产厂家已经提供了块浮点数的 IP Core,但是由于资源以及效率等原因,目前利用定点数来设计还是主流设计思路。

在 FPGA 的设计中,一般采用二进制补码或者无符号数作为运算的计数形式。

二进制补码是常用的计数方法,它既可以表示正数,也可以表示负数。与无符号整数的记数方式类似,二进制补码也是用一个二进制代码序列表示一个整数,唯一不同之处在于其用最高有效位表示符号位。用二进制补码计数方法,将一个整数进行正负值变换是很简单的,只需将原数中"1"和"0"反相,然后再加上"1"即可。

二进制补码的最大优点就是可以像无符号整数那样方便地进行加减运算。需要注意的是,最高有效位的进位必须舍去。

所有参与运算的数字必须先统一位宽,位宽不足的需要进行符号位扩展。最终统一的位宽以计算结果需要的位宽为准。如两个 24 位的数字相加,结果为 25 位,则必须先将两个 24 位的数字进行符号位扩展为 25 位后,再进行加法运算。

在本书 2.4 节中介绍了关于 Verilog HDL 基本语法的数据类型,Verilog HDL 中有两种基本的变量类型:线型(wire)和寄存器型(reg)。其中,wire 型变量表示的是硬件资源中的连线资源,而 reg 型变量表示的是硬件资源中的寄存器资源。

那么 wire 型和 reg 型变量是如何与二进制补码或者无符号数对应起来的呢? 我们通过举例来说明。

【例 5.1】在 Verilog HDL 中定义 3 个 16 bit 线型的变量 data_a 和 data_b 以及 16 bit 的线型变量 data_c。

```
wire[15:0]  data_a;
wire[15:0]  data_b;
wire[15:0]  data_c;
assign  data_c = data_a + data_b;
```

运算结果的分析:

(1) 首位为 0 的情况,如表 5-2 所示。

表 5-2    首位为 0 的结果分析

|        | 十六进制 | 无符号数 | 二进制补码 |
|--------|----------|----------|------------|
| data_a | 0x0187   | 391      | 391        |
| data_b | 0x0023   | 35       | 35         |
| data_c | 0x1AA    | 426      | 426        |

由结果可知,对于 wire 型的数据加法,当首位为 0 时,无论是用无符号还是二进制补

码表示的数,运算结果都是正确的。

(2) 首位为 1 无进位的情况,如表 5-3 所示。

表 5-3　无进位结果分析

|  | 十六进制 | 无符号数 | 二进制补码 |
| --- | --- | --- | --- |
| data_a | 0xF187 | 61 831 | −3 705 |
| data_b | 0x0023 | 35 | 35 |
| data_c | 0xF1AA | 61 866 | −3 670 |

由结果可得,对于 wire 型的数据加法,当首位为 1 且无进位时,无论是用无符号还是二进制补码表示的数,结果都是正确的。

(3) 首位为 1 有进位的情况,如表 5-4 所示。

表 5-4　有进位结果分析

|  | 十六进制 | 无符号数 | 二进制补码 |
| --- | --- | --- | --- |
| data_a | 0xF187 | 61 831 | −3 705 |
| data_b | 0x8023 | 32 803 | −32 733 |
| data_c | 0x(171AA)71AA | 29 098(94 634) | 29 098(−36 438) |

由结果可得,对于 wire 型的数据加法,当首位为 1 且有进位时,无论是用无符号还是二进制补码表示的数,结果都是不正确的。不正确是因为加法产生的进位被丢掉了。

第三种情况的错误可以通过保留进位来解决,定义两个 16 bit 线型的变量 data_a 和 data_b 以及 17 bit 的线型变量 data_c。

```
wire[15:0]  data_a;
wire[15:0]  data_b;
wire[16:0]  data_c;
assign  data_c = {data_a[15],data_a} + {data_b[15], data_b};
```

注意:加数必须扩展一位符号位。

上面是对线型(wire)变量的分析,寄存器型(reg)变量的分析与之类似。

> **结论:**
> 1. 在实际的 Verilog HDL 设计中,内部定义的线型(wire)变量和寄存器型(reg)变量都没有明确地指出所定义的变量是无符号数还是二进制补码,它们的运算结果既可以表示为无符号数又可以表示为二进制补码。
> 2. 进行加减运算时,需要先扩展符号位,再进行运算。

## 5.2　加减法与乘法单元

数字信号处理系统的基本运算是加减法和乘法，我们分别来介绍 FPGA 中加减法和乘法实现的方法。

5.2

### 5.2.1　加减法单元

在 FPGA 的设计中，加法与减法的实现原理是相同的：利用逻辑单元实现一位的加减法，然后利用多位进位的级联来实现多位加减法，对于一些速度要求快的电路，有很多高速加法电路可以运用，感兴趣的读者，可以查阅相关的资料。

【例 5.2】Verilog HDL 中的加法设计实例。

```
reg[3:0] result;
reg[3:0] dataa;
reg[3:0] datab;
always @ (posedge clk or negedge reset)
begin
    if(~ reset)
    begin
        result <= 4'h0;
    end
    else
    begin
        result <= dataa + datab;
    end
end
```

### 5.2.2　乘法单元

在 FPGA 的设计中，乘法有两种实现方式：

（1）利用 FPGA 内部硬件资源来实现，这里所谓的硬件资源就是指 FPGA 内部的硬件乘法器。

（2）利用 FPGA 内部的逻辑资源来实现。

如图 5-1 所示为紫光同创公司的算数处理单元的结构。算数处理单元是一种可以编程设计的乘法器模块。它由 I/O Unit(I/O 单元)、Preadd Unit(预加单元)、Mult Unit(乘法单元)和 Postadd Unit(累加单元)4 个功能单元组成，紫光同创称它为 APM。

FPGA 同样可以使用内部的逻辑资源来实现乘法的运算，资源的占用率则随着乘法器位宽的增加而增加。

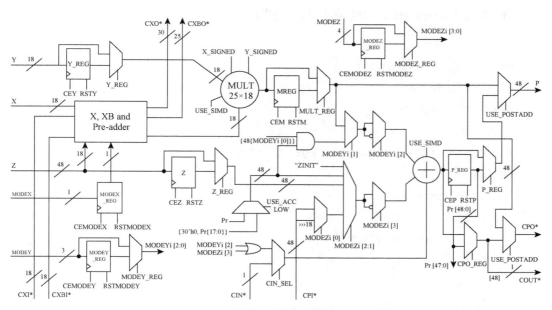

图 5-1　紫光同创公司的 APM 的结构

【例 5.3】Verilog HDL 中的乘法设计实例 1。

```
reg[7:0] result;
reg[3:0] dataa;
reg[3:0] datab;
always @ (posedge clk or negedge reset)
begin
    if(~ reset)
begin
    result <= 4'h0;
end
else
begin
    result <= dataa × datab;
end
end
```

例 5.3 的设计方式是正确的吗？答案是否定的。

FPGA 内部是寄存器和查找表的结构，乘法运算是无法综合的，所以如果想实现乘法运算，必须调用 FPGA 内部的硬件资源或者使用紫光同创公司等 CPLD/FPGA 生产厂家的 IP Core（所谓 IP Core 就是厂家利用内部的逻辑资源或者硬件资源实现的具有一定功能的通用设计模块）来实现。

**【例 5.4】** Verilog HDL 中的乘法设计实例 2。

```
reg[7:0] result;
wire[7:0] result_temp;
wire[3:0] dataa;
wire[3:0] datab;
wire ce;
always @ (posedge clk or negedge reset)
begin
    if(~ reset)
    begin
        result <= 4'h0;
    end
    else
    begin
        result <= result_temp;
    end
end
S_16×16 module_S_16×16(
    .a      (dataa),
    .b      (datab),
    .clk    (clk),
    .rst    (reset),
    .ce     (ce),
    .p      (result_temp)
    );
```

其中，S_16×16 是 FPGA 内部的硬件乘法器模块，可以通过紫光同创公司的编译软件成生，以便设计人员调用。

5.3

## 5.3  数字信号处理系统中的 FPGA 与 DSP 芯片

### 5.3.1  DSP 芯片介绍

高速实时数字信号处理技术的核心和标志是数字信号处理器（DSP）的诞生。自第一个 DSP 芯片（TI 的 TMS32010）问世以来，处理器技术水平得到了迅速的提升，而快速傅里叶变换（FFT）等实用算法的提出同样促进了专用数字信号处理这类微处理器的分化和发展。数字信号处理有别于普通的科学计算与分析,它强调运算处理的高速实时性,因此 DSP 芯片除了具备普通微处理器所强调的高速运算和控制功能外,针对高速实时数字信号处理特点,在处理器结构、指令系统、指令流程上做了很大的改动,其结构特点如下:

(1) DSP 芯片普遍采用了数据总线和程序总线分离的哈佛结构及改进的哈佛结构,比传统处理器的冯·诺依曼结构有更高的指令执行速度。

(2) DSP 芯片大多采用流水技术,即每条指令都由片内多个功能单元分别完成取指、译码、取数、执行等多个步骤,从而在不提高时钟频率的条件下减少了每条指令的执行时间。

(3) 片内有多条总线可同时进行取指令和多个数据存取操作,并且有辅助寄存器用于寻址,它们可在寻址访问前或访问后自动修改寄存器内容,以指向下一个要访问的地址。

(4) 针对滤波、相关、矩阵运算等算法具有需要大量乘法和累加运算的特点,DSP 芯片大多配有独立的乘法器和加法器,使得同一时钟周期内可以完成相乘、累加两个运算,许多 DSP 芯片可以同时进行乘、加、减运算,这大大加快了 FFT 算法蝶形运算的速度。

(5) 许多 DSP 芯片带有 DMA 通道控制器,以及串行通信口等,配合片内多总线结构,数据块传送速度大大提高。

(6) DSP 芯片配有中断处理器和定时控制器,可以方便地构成一个小规模系统无缝对接。

(7) DSP 芯片具有软、硬件等待功能,能与各种存储器接口无缝对接。

DSP 芯片生产厂家主要有 TI 和 ADI。针对高性能计算领域的严格要求,TI 公司推出多核数字信号处理器 TMS320C66x 系列的新品 TMS320C6678,该产品能实现超高性能与低功耗的完美结合,这预示着全新高性能计算(HPC)时代的到来。下面以 TI 公司的 DSP 芯片 TMS320C6678 为例,介绍 DSP 芯片的具体结构。

图 5-2 所示为 TI 公司的 DSP 芯片 TMS320C6678 内部结构图。

TMS320C6678 多核 DSP 是业内首款 10 GHz DSP,它拥有 8 个 1.25 GHz 内核,支持 16 GFLOPs,而功耗仅为 10 W。TMS320C66x 系列 DSP 是目前市场上性能最高的一款 DSP 产品。如此高的性能要归功于 TI 特有的 Keystone 多核架构。

以下是对 TMS320C6678 芯片特性的简要介绍:

(1) 8 个 TMS320C66x™DSP 核心子系统(C66x CorePacs),每个子系统包含:

① 1.0 GHz 或者 1.25 GHz 的 C66x 定/浮点 CPU 核,其中包含 40 GMACS/定点处理核@1.25 GHz、20 GFLOPS/浮点处理核@1.25 GHz。

② 储存器包括,32 KB 的 L1P 存储器/每核、32 KB 的 L1D 存储器/每核、512 KB 的二级存储器/每核。

(2) 多核共享存储器的控制器(Multicore Shared Memory Controller, MSMC),包含:

① 4 096 KB 的 MSM SRAM,这块内存由 8 个 DSP 的 C66x Corepacs 共享。

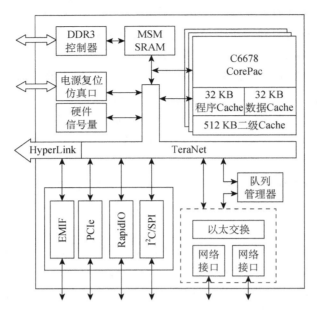

**图 5-2　TI 公司的 DSP 芯片 TMS320C6678 内部结构图**

② 为 MSM SRAM 和 DDR3_EMIF 设置的存储器保护单元。

（3）多核导航器 Keystone 架构：

① 8 192 个多用途硬件队列，并且带有队列管理器。

② 基于包传输的 DMA（Packet DMA），可以实现零系统开销（zero-Overhead）传输。

（4）网络协处理器：

① 包加速器支持如下的传输：

a. 传输面（Transport Plane）的 IPsec，GTP-U，SCTP，PDCP。

b. L2 用户面（User Plane）PDCP（RoHC，Air Ciphering）。

c. 1 Gb/s 的有线连接数据吞吐量（Throughput）速度。

② 安全加速器引擎支持下述功能：

a. IPSec，SRTP，3GPP，WiMAX 无线接口，以及 SSL/TLS 安全协议。

b. ECB，CBC，CTR，F8，A5/3，CCM，GCM，HMAC，CMAC，GMAC，AES，DES，3DES，Kasumi，SNOW3G，SHA-1，SHA-2（256-bit Hash），MD5。

c. 高达 2.8 Gb/s 的加密速度。

（5）外部设备：

① 高速通道 SRIO 2.1，每个通道支持 1.24/2.5/3.125/5 G 波特率的速度，支持直接的 IO 以及消息传递；支持 4 个 1×，2 个 2×，1 个 4× 以及 2 个 1× 加上 1 个 2× 的链接配置。

② 第二代的 PCIe，单个端口支持 1 或者 2 个通道，支持高达 5 G 波特率/每个通道。

③ 超链接（HyperLink），支持与其他 KeyStone 设备的连接，提供资源的可测量性；

支持高达 50 G 的波特率。

④ Gigabit 以太网（GbE）交换子系统；两个 SGMII 端口，支持 10/100/1 000 Mb/s 线速。

⑤ 64 bit DDR3 接口，可用的内存空间达到 8 GB。

⑥ 16 bit 外部存储器扩展接口（EMIF）；支持高达 256 MB 的 NAND Flash 以及 16 MB 的 NOR Flash；支持异步的 SRAM，容量可达 1 MB。

⑦ 两个远程串行接口（Telecom Serial Ports，TSIP）；每个 TSIP 支持 1024DS0s，每个通道的工作速率根据配置通道数的不同而不同，2/4/8 通道分别对应 32.768/16.384/8.192 Mb/s。

⑧ UART 接口。

⑨ I²C 接口。

⑩ 16 个 GPIO 引脚。

⑪ SPI 接口。

⑫ 信号量模块。

⑬ 3 个片上 PLLs。

⑭ 16 个 64 位定时器。

（6）商业级别产品的工作温度范围：0～85℃。

（7）扩展级别产品的工作温度范围：−40～100℃。

表 5-5 为 TMS320 C6678 与其他 TMS320C66x 系列之间的性能比较，从表中可以看出 C6678 有着远超同类型 DSPs 的性能配置。

表 5-5　TMS320C66x 系列参数

| 参数/型号 | TMS320C6670 | TMS320C6671 | TMS320C6672 | TMS320C6674 | TMS320C6678 |
|---|---|---|---|---|---|
| C66x 内核 | 4 | 1 | 2 | 4 | 8 |
| 峰值 MMACS | 153 000 | 40 000 | 80 000 | 160 000 | 320 000 |
| 频率（MHz） | 1 000/1 200 | 1 000/1 250 | 1 000/1 250/1 500 | 1 000/1 250 | 1 000/1 250 |
| 片内一级缓存 | 256 KB（32 KB 数据存储器，32 KB 程序存储器/每核） | 64 KB（32 KB 数据存储器，32 KB 程序存储器） | 128 KB（32 KB 数据存储器，32 KB 程序存储器/每核） | 256 KB（32 KB 数据存储器，32 KB 程序存储器/每核） | 512 KB（32 KB 数据存储器，32 KB 程序存储器/每核） |
| 片内二级缓存 | 6 144 KB（共享 2 048 KB） | 4 608 KB（共享 4 096 KB） | 5 120KB（共享 4 096 KB） | 6 144KB（共享 4 096 KB） | 8 192 KB（共享 4 096 KB） |
| 定时器 | 8 个 64-bit | 9 个 64-bit | 10 个 64-bit | 12 个 64-bit | 16 个 64-bit |
| 硬件加速器 | TCP3d/TCP3e/FFT/PA | PA | PA | PA | PA |

| 参数/型号 | TMS320C6670 | TMS320C6671 | TMS320C6672 | TMS320C6674 | TMS320C6678 |
|---|---|---|---|---|---|
| 工作温度范围/℃ | −40～100 0～85 | — | −40～100 0～85 | −40～100 0～85 | −40～100 0～85 |
| EMIF | 164-bit DDR3 EMIF | | | | |
| 外部存取空间支持类型 | DDR3 1600 SDRAM | | | | |
| 直接存储器存取（通道数） | 64-Ch EDMA | | | | |
| 高速串行口 | 1（4 线模式） | | | | |
| EMAC | 10/100/1 000 | | | | |
| I²C 总线 | 1 | | | | |
| 轨迹跟踪 | 是 | | | | |
| 核电压/V | 0.9～1.1 | | | | |
| IO 电压/V | 1.0/1.5/1.8 | | | | |
| 引脚/封装 | 841FCBGA | | | | |

DSP 芯片本身具有以下功能，支持其在高速实时数字信号处理领域中的应用。

（1）单指令周期的乘、加操作。

（2）特殊的高速寻址方式，可在其他操作进行的同时完成地址寄存器指针的修改，并具有循环寻址、位反序寻址功能。循环寻址用于 FIR 滤波器，可以省去相当于迟延线功能的大量数据移动，用于 FFT 则可紧凑地存放旋转因子表；位反序寻址有利于 FFT 的快速完成。

（3）针对高速实时处理所设计的存储器接口，能在单指令时间内完成多次存储器或 I/O 设备的访问。

（4）专门的指令流控制，具有无附加开销的循环功能以及延迟跳转（相当于预跳转）指令。

（5）专门的指令集与较长的指令字，一个指令字同时控制片内多个功能单元的操作。

（6）单片系统，易于小型化设计。

（7）低功耗，一般为 0.5～4 W，采用低功耗技术的 DSP 芯片功耗只有 0.1 W，可用电池供电，如 TI 的 TMS320C54X 系列，适用于嵌入式系统。

因此，DSP 芯片的运算速度要较通用处理器高很多，以 FFT、相关等运算为例，高性能 DSP 芯片不仅处理速度是 MPU 的 4～10 倍，而且可以流水无间断地完成数据的高速实时输入/输出。DSP 芯片结构相对单一,普遍采用汇编语言编程,其任务完成时间的可预测性比结构和指令复杂(超标量指令)、严重依赖于编译系统的 MPU 强得多。以一个 FIR 滤波器实现为例,每输入一个数据,对应每阶滤波器系数需要进行一次乘、一次加、一次取指、二次取数的操作,有时还需要专门的数据移动操作,DSP 芯片可以单周期完成乘加并行操作以及 3~4 次数据存取操作,而普通 MPU 至少需要 4 个指令周期,因此,在相同的指令周期和片内指令缓存条件下,DSP 芯片运算速度是 MPU 的 4 倍以上。

正是基于 DSP 芯片的这些优势,一些新推出的高性能通用微处理器片内已经融入了 DSP 芯片的功能,而以这种通用微处理器构成的计算机在网络通信、语音图像处理、高速实时数据分析等方面的效率大大提高。不同类型 DSP 芯片适用于不同场合。早先的 DSP 芯片都是定点的,可以胜任大多数数字信号处理应用,但在某些场合,如雷达、声呐信号处理中,数据的动态范围很大,按定点处理会发生数据溢出,严重时无法进行后续处理。如果用移位定标或用定点模拟浮点运算,程序执行速度将大大降低。浮点 DSP 芯片的出现解决了这些问题,它拓展了数据动态范围,常见的 16 bit 定点 DSP 芯片动态范围仅 96 dB,每增加 1 bit,动态范围只增加 6 dB;而 32 bit 浮点数据的动态范围为 1 536 dB。浮点 DSP 芯片的处理性能在许多情况下要比定点 DSP 芯片高很多。得益于超大规模集成电路(VLSI)技术,32 位浮点 DSP 芯片各项指标都远好于定点 DSP 芯片,它可以完成 32 位定点运算,具备更大的存储访问空间,而且最新发展的并行 DSP 芯片大都采用浮点格式,另外高级语言(如 C 语言)编译器主要面向浮点 DSP 芯片,这使得普通计算机上的源码程序可以被移植到 DSP 芯片设计中而无需大的修改。目前 DSP 芯片峰值运算能力达每秒 24 亿次,但相对于所要求的每秒几百亿、上千亿次运算来说仍远远不够。而且 VLSI 技术的发展已经受到开关速度极限的限制,提高 DSP 芯片主频所遇到的难度和付出的成本越来越高,单处理器性能的提高空间受到限制,为此,引入了并行处理技术。其实在许多 DSP 芯片的多级流水处理、相乘/累加同时进行等功能中已经融入了片内并行技术,TMS320C6x 进一步发展了超长指令字(VLIW)和多流水线技术,在每条长达 256 bit 的指令字中规定了多条流水线、多个处理单元的并行操作。DSP 芯片并行技术的主流则是向片外/片间并行发展,因为这种并行可以不受限制地扩大并行规模。

以 TMS320C6x 和 ADSP2106x 为代表的并行 DSP 芯片为用户提供了设计大规模并行系统的硬件基础,它们都提供了 6 个通信(链路)口,并为共享总线系统的设计提供了相应的总线控制信号,可以组成松耦合的分布式并行系统和紧耦合的总线共享式并行系统。

## 5.3.2　DSP 与 FPGA 性能比较

DSP 芯片与 FPGA 芯片在数字信号处理领域上都有广泛的应用,但由于两者结构上的巨大差异,使得它们的应用场合也不完全相同。

1. DSP 芯片的性能分析

DSP 芯片的内部结构使它具有如下优势:

（1）所有指令的执行时间都是单周期，指令采用流水线处理，内部的数据、地址、指令及 DMA 总线分开，有较多的寄存器。

（2）DSP 芯片通过汇编或高级语言（如 C 语言）等进行编程。如果 DSP 芯片采用标准 C 程序，这种 C 代码可以实现高层的分支逻辑和判断。软件更新速度快，极大地提高了系统的可靠性、通用性、可更换性和灵活性。

（3）DSP 芯片可以实现硬件的浮点运算。

DSP 芯片的缺点有：

（1）与通用微处理器相比，DSP 芯片的通用功能相对较弱。DSP 芯片是专用微处理器，适用于条件进程，特别是较复杂的多算法任务。

（2）在运算上它受制于时钟速率，且每个时钟周期所做的有用操作数目也受限制。例如 TMS320C6201 只有两个乘法器和一个 200 MHz 的时钟，这样只能完成每秒 4 亿次的乘法运算。

（3）DSP 芯片受到串行指令流的限制。

总结：DSP 芯片依靠软件来实现所有的功能，速度上与通用处理器相比有很大的优势，但是和专用芯片（如 FFT 专用芯片等）相比还有很大的差距。

2. FPGA 的性能分析

FPGA 具有以下优点：

（1）FPGA 由逻辑单元、RAM、乘法器等硬件资源组成，通过将这些硬件资源合理组织可实现乘法器、寄存器、地址发生器等硬件电路。

（2）FPGA 可使用框图或者 Verilog HDL 来设计，从简单的门电路到 FIR 或者 FFT 电路都可以实现。

（3）FPGA 可无限地重新编程，加载一个新的设计只需几百毫秒，利用重配置可以减少硬件的开销。

（4）FPGA 的工作频率由 FPGA 芯片以及设计决定，可以通过修改设计或者更换更快的芯片来达到某些苛刻的要求（当然工作频率也不能无限制地提高，而是受当前的 IC 工艺等因素制约）。

FPGA 的缺点有：

（1）FPGA 的所有功能均依靠硬件实现，无法实现分支条件跳转等操作。

（2）FPGA 只能实现定点运算（一些 FPGA 厂家也提供了浮点运算，但利用浮点运算会消耗大量 FPGA 硬件资源）。

总结：FPGA 依靠硬件来实现所有的功能，速度上可以和专用芯片相比，但设计的灵活度与通用处理器相比有很大的差距。

3. DSP 芯片与 FPGA 芯片的性能比较

（1）对于采样速率高的应用，DSP 芯片仅能对数据完成非常简单的运算。而这种简单的运算用 FPGA 很容易实现，并能达到较高的采样速率。在较低采样速率下，较复杂的算法可使用 DSP 芯片实现。

（2）对于低速事件，DSP 芯片具有优势。DSP 可将事件排队，并保证每个事件都能执行；而 FPGA 处理多事件时，每个事件都有专用的硬件，因此其硬件利用率较低。

（3）如果主工作环境需要进行切换，DSP 芯片可通过子程序来实现，而 FPGA 需专门的资源来完成切换。如果这些配置占用资源不多，那么 FPGA 中可同时存在几种配置；如果占用资源较多，则 FPGA 需要重新配置，而这种方法需要外部处理器配合。

### 5.3.3　如何进行 DSP 芯片和 FPGA 方案选择

**1. 方案选择原则**

在选择数字系统核心处理器的方案时，有很多因素需要考虑。例如如何充分利用已有资源（包括软、硬件开发环境）、系统要求的工作频率以及算法或工作方式的特点等，这些对最佳方案的选择有很大的影响。

具体地说，在最初的方案论证阶段，可根据如下问题的回答情况来进行方案选择：

（1）系统的采样速率是多少？

如果系统的采样速率高于 100 MHz，则 FPGA 是设计的首选方案。

（2）系统是否已经存在使用 C 语言编制的程序？

如果存在，那么可将程序直接移植入 DSP 芯片。它可能不是最佳实现方案，但较易进一步开发。

（3）系统的数据率是多少？

如果系统的数据率高于 100 Mb/s，则可选用 FPGA 芯片。

（4）有多少个条件操作？

如果没有，可选用 FPGA 方案；如果有很多，则利用 DSP 芯片实现是更好的选择。

（5）系统是否需使用浮点运算？

如果是，则必须使用 DSP 芯片。因为 FPGA 芯片实现浮点运算会消耗大量逻辑资源。

（6）所需要的库是否能够获得？

DSP 芯片和 FPGA 芯片都提供诸如 FIR 或 FFT 等基本算法库。库的可获得性也将直接影响方案的选择。

**2. 方案选择示例**

下面提供几个数字系统设计实例，有助于理解前面介绍的方案选择原则。

【例 5.5】用于无线数据接收机的抽样滤波器。典型的积分梳状滤波器（C2C）工作在 100～200 MHz 的取样率，5 步 CIC 有 10 个寄存器和 10 个加法器。

在这一速率下任何 DSP 芯片都将很难实现 CIC 滤波器。考虑到 CIC 只有非常简单的结构，这样利用 FPGA 来实现将会很简单。利用 FPGA 可轻松实现 100 MHz 采样率下的 C2C 滤波器。

【例 5.6】实现通信堆栈协议——综合服务数字网（Integrated Services Digital

Network,ISDN）。IEEE1394 有很复杂的、大量的 C 代码,完全不适合用 FPGA 来实现,但是用 DSP 芯片来实现却很简单。

【例 5.7】数字射频接收机的基带处理器。一些类型的接收机需要通过进行 FFT 处理来获得信号,或者需要通过匹配滤波器处理来获得信号提取,这两个模块可很简单地用 DSP 芯片和 FPGA 中的任何一种方案实现。然而如果要求工作模式转换、信号获得和信号接收的转换,则采用 DSP 芯片方案更适合,因为 FPGA 方案需要同时完成两个模块。

【例 5.8】图像处理器。图像处理前端多是简单和重复的任务,很适合用 FPGA 实现。图像处理流程后端则关注所观测的目标识别"斑点"或"感兴趣的区域"。这些"斑点"可能大小不一致,造成后端的判断及处理过程趋于复杂。同时,后端所采用的算法往往是自适应的,主要取决于斑点的形式。因此图像处理通道的后端处理可用 DSP 芯片来实现。

DSP 芯片和 FPGA 芯片代表着两种数字系统信号处理过程,它们各有优点及缺点。对于高数据率的应用,特别是任务比较固定或重复的情况,适合采用 FPGA 方案;对于低数据率以及有较高复杂度的应用,则适合采用 DSP 方案。

### 5.3.4 新的设计思想:DSP+FPGA 架构

DSP+FPGA 结构最大的特点是结构灵活,有较强的通用性,适合模块化设计,能大幅度提高算法效率;同时其具有开发周期较短,易于系统维护和扩展的优点。

在一个由 DSP+FPGA 结构实现的实时信号处理系统中,前端信号预处理算法处理的数据量大,对处理速度的要求高,但运算结构相对比较简单,适合用 FPGA 实现,这样能同时兼顾速度及灵活性。后续数据处理算法的特点是所处理的数据量较小,算法运算量大大减少,但算法的控制结构复杂,因此,适合用运算速度快、寻址方式灵活、通信机制强大的 DSP 芯片实现。

FPGA 可完成模块级的任务,起到作为 DSP 芯片的协处理器的作用。它的可编程性使它既具有专用集成电路速度快的优点,又具有很高的灵活性。

DSP 芯片具有软件的灵活性,而 FPGA 具有硬件的高速性,能够满足处理复杂算法的要求。这样的 DSP+FPGA 的结构为设计中如何处理软硬件的关系提供了一个较好的解决方案。同时,该系统具有灵活的处理结构,对不同结构的算法都有较强的适应能力,尤其适合实时信号处理任务。

## 5.4　数字滤波器的 FPGA 设计实例

5.4

数字滤波器是数字信号处理中最重要的算法之一。数字滤波器可用于处理数字信号,它通过一定的运算关系改变输入信号所含频率成分的比例或者去除某些频率成分。数字滤波器有多种分类,根据数字滤波器冲激响应的时域特征,可将数字滤波器分为两类:无限冲激响应(IIR)滤波器和有限冲激响应(FIR)滤波器。

无论是 IIR 滤波器还是 FIR 滤波器都有如下的通用差分方程：

$$y(n) = \sum_{k=0}^{N-1} b_k x(n-k) + \sum_{k=0}^{M-1} a_k y(n-k) \qquad (5.2)$$

式(5.2)中：$x(n)$ 为输入序列，$y(n)$ 为输出序列，$a_k$ 和 $b_k$ 为滤波器系数，$N$ 是滤波器的阶数。

### 5.4.1　IIR 滤波器

若一个系统的冲击响应具有无限长度，则此系统称为无限冲激响应滤波器，即 IIR 滤波器。该滤波器系统的单位冲击响应 $h(n)$ 是无限长的，系统函数 $H(z)$ 在有限 $Z$ 平面上有极点存在，且在结构上是递归型的。一个 $N$ 阶的 IIR 滤波器输入输出关系可由式(5.2)推导，定义式(5.2)至少有一个系数 $b_k$ 不等于 $0$，则 $n$ 时刻的输出不仅由 $n-N$ 到 $n$ 时刻的输入决定，还和 $n-N$ 到 $n-1$ 时刻的输出有关，此时该系统的输入和输出满足如下差分方程：

$$y(n) - \sum_{k=0}^{M-1} a_k y(n-k) = \sum_{k=0}^{N-1} b_k x(n-k) \qquad (5.3)$$

对上式进行 $Z$ 变换，得到

$$Y(z) = H(z)X(z) \qquad (5.4)$$

其中，
$$H(z) = \frac{Y(z)}{X(z)} = \frac{\sum_{k=0}^{M} a_k z^{-k}}{1 - \sum_{k=1}^{N} b_k z^{-k}} \qquad (5.5)$$

由于同一种系统函数 $H(z)$ 可以有多种不同的结构，因此 IIR 滤波器的结构具有多种形式，归纳起来主要有以下几种：

1. 直接 I 型

直接根据式(5.3)得到的递归型数字滤波器结构称为直接 I 型。此时的输出 $y(n)$ 由两部分构成，第一部分 $\sum_{k=0}^{N} b_k x(n-k)$ 是一个对 $x(n)$ 的 $N$ 阶延迟链结构（$z^{-1}$ 表示延迟），每节延迟抽头加权相加；第二部分 $\sum_{k=0}^{M} a_k y(n-k)$ 也是一个 $N$ 阶延迟链结构，不过它是对 $y(n)$ 进行延迟，因此是个反馈网络，最终由这两部分相加构成输出 $y(n)$。图 5-3 所示为直接 I 型的 IIR 数字滤波器结构图，其网络可被看成是两个子系统的级联：第一级实现的是系统对应的各零点，第二级实现的是系统对应的各极点。从图 5-3 中还可以看出，直接 I 型结构需要 $2N$ 个延时器和 $2N$ 个常数乘法器。

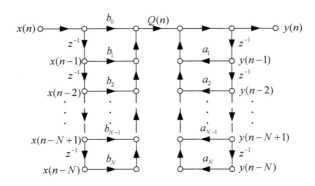

**图 5-3　IIR 滤波器直接 Ⅰ 型图**

## 2. 直接Ⅱ型

直接Ⅱ型结构又称为典型性结构。前文讨论的直接Ⅰ型结构的系统函数可被看成是两个独立的系统函数的乘积,结构上为两个子系统的级联。对于一个线性时不变系统,若交换其级联子系统的次序,系统函数是不变的,即总的输入/输出关系不变。将直接Ⅰ型中延时单元进行合并,并且将零点和极点实现的次序对换,则构成图 5-4 所示的形式,即直接Ⅱ型。

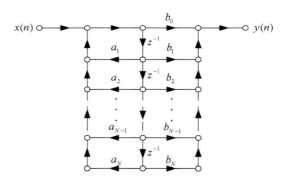

**图 5-4　IIR 滤波器直接Ⅱ型图**

直接Ⅱ型对于 $N$ 阶差分方程只需 $N$ 个延时单元,因而比直接Ⅰ型延时单元要少,这也是 $N$ 阶滤波器所需的最少延时单元,因而又称为典型性结构。直接Ⅰ型和直接Ⅱ型都是直接型的实现方法,这两种结构的共同缺点就是系数 $a_k$、$b_k$ 对滤波器的性能控制作用不明显。这是由它们与系统函数的零、极点关系不明显造成的,因而很难调整。此外,直接型结构中极点对系数的变换过于灵敏,从而使系统频率响应对系数的变化过于灵敏,即对有限精度(有限字长)运算过于灵敏,容易出现不稳定或产生较大误差。

## 3. 级联型

若将 $N$ 阶 IIR 系统函数分解成二阶(一阶)因式连乘积,则可得到级联结构:

$$H(z) = H_1(z) \times H_2(z) \times \cdots \times H_M(z) \tag{5.6}$$

因此整个系统将由 $M$ 个二阶系统级联构成。将式(5.5)的分子和分母都进行因式分解，得到：

$$H(z) = \frac{\sum\limits_{k=0}^{M} b_k z^{-k}}{1 - \sum\limits_{k=1}^{N} a_k z^{-k}} = A \frac{\prod\limits_{k=1}^{M_1}(1-g_k z^{-1})\prod\limits_{k=1}^{M_2}(1-h_k z^{-1})(1-h_k^* z^{-1})}{\prod\limits_{k=1}^{N_1}(1-c_k z^{-1})\prod\limits_{k=1}^{N_2}(1-d_k z^{-1})(1-d_k^* z^{-1})} \tag{5.7}$$

其中：$M = M_1 + 2M_2$，$N = N_1 + 2N_2$。若将式(5.7)中具有共轭复根的两个一阶因式合并，并将式中分子分母中的一阶子系统看成 $\alpha_{2k}$ 和 $\beta_{2k}$ 为零的二阶子系统的特例，那么 $H(z)$ 可被看成是全部由实系数二阶子系统的级联形式构成的，即

$$H(z) = A \prod\limits_{k=1}^{N_3} \frac{1+\beta_{1k}z^{-1}+\beta_{2k}z^{-2}}{1-\alpha_{1k}z^{-1}-\alpha_{2k}z^{-2}} = A \prod\limits_{k=1}^{N_3} H_k(z) \tag{5.8}$$

其中：$N_3$ 为 $(N+1)/2$ 的最大整数，且

$$H(z) = \frac{1+\beta_{1k}z^{-1}+\beta_{2k}z^{-2}}{1-\alpha_{1k}z^{-1}-\alpha_{2k}z^{-2}} \tag{5.9}$$

为滤波器的二阶基本结构。

式(5.8)表示 $H(z)$ 的级联分解形式，其每一子系统均为二阶基本结构，若用图 5-4 的直接 II 型来实现二阶子系统，则整个系统就变为具有最少存储单元的级联结构形式，如图 5-5 所示。

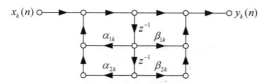

图 5-5　IIR 滤波器级联型图

级联结构形式具有两个主要优点：一是存储单元少，当用硬件实现时，一个二阶基本结构可以分时使用，这种分时复用能够简化硬件结构；二是二阶基本结构灵活搭配，不但可以使二阶基本结构的次序按实际需要进行调换，还可以直接控制系统的零点和极点。因为每个二阶基本结构是互相独立的，且各自代表了一对零点和极点，可调整系数 $\alpha_{1k}$、$\alpha_{2k}$ 和 $\beta_{1k}$、$\beta_{2k}$，即可单独调整第 $k$ 对零、极点的分布，以控制滤波器的性能。

4. 并联型

IIR 滤波器的并联结构形式是基于对 $H(z)$ 的部分分式展开实现的。对式(5.7)的 $H(z)$ 用部分分式展开，有：

$$H(z) = \sum\limits_{k=1}^{N_1} \frac{a_k}{1-c_k z^{-1}} + \sum\limits_{k=1}^{N_2} \frac{b_k(1-e_k z^{-1})}{(1-d_k z^{-1})(1-d_k^* z^{-1})} + \sum\limits_{k=0}^{M-N} c_k z^{-k} \tag{5.10}$$

式中，$N_1 + 2N_2 = N$。若 $M < N$，则式(5.9)中不包含 $\sum\limits_{k=0}^{M-N} c_k z^{-k}$ 项；若 $M = N$，则该项变为常数 $C_0$。由于 $H(z)$ 的分子、分母系数都是实数，则式(5.10)中 $a_k$、$b_k$、$c_k$、$e_k$ 全部都是实数。通常 $M \leqslant N$，如果把式中共轭极点合并成具有实系数的二阶子系统，那么 $H(z)$ 的部分分式展开为：

$$H(z) = C_0 + \sum_{k=1}^{N_1} \frac{a_k}{1 - c_k z^{-1}} + \sum_{k=1}^{N_2} \frac{\gamma_{0k} + \gamma_{1k} z^{-1}}{1 - \alpha_{1k} z^{-1} - \alpha_{2k} z^{-2}} \tag{5.11}$$

由此可见，滤波器可由 $N_1$ 个一阶网络、$N_2$ 个二阶网络和一个常数支路并联构成，其结构如图 5-6 所示。

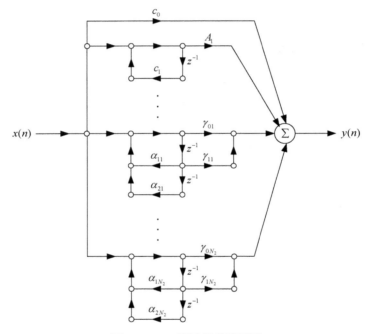

**图 5-6　IIR 滤波器并联型图**

并联结构形式的优点：具有较高的运算精度；各子系统的误差互不影响；有限精度所引起的量化效应比级联形式的小。由于并联结构形式是用部分分式展开的，因而极点可以控制。但零点却不像级联形式那样可以单独调整，所以当系统要求有准确精度的零点时就不能采用并联结构。

### 5.4.2　FIR 滤波器

若系统的冲击响应具有有限长度，则此系统称为有限冲激响应滤波器，即 FIR 滤波器。FIR 是一种非递归系统，将式(5.2)中系数 $b_k$ 均置为零推导得出其系统方程，即

$$y(n) = \sum_{k=0}^{N-1} a_k x(n-k) \qquad (5.12)$$

因此可得 FIR 滤波器的差分方程一般表达式为:

$$y(n) = \sum_{k=0}^{N-1} h(k) x(n-k) \qquad (5.13)$$

其中 $h(k) = a_k$ ,从式(5.13)可以看出,FIR 滤波器的特点是单位冲击响应 $h(k)$ 为有限长。对上式进行 $Z$ 变换,得到:

$$Y(z) = \left( \sum_{k=0}^{N-1} h(k) z^{-k} \right) X(z) = H(z) X(z) \qquad (5.14)$$

$$H(z) = \frac{Y(z)}{X(z)} = \sum_{k=0}^{N-1} h(k) z^{-k} \qquad (5.15)$$

由式(5.15)可以看出,FIR 滤波器的一般结构如图 5-7 所示。

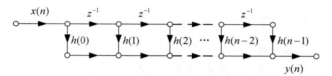

**图 5-7　FIR 滤波器结构示意图**

从图 5-7 中可以看出,由于延迟单元是对输入信号起作用的,这种结构也称为抽头延迟线结构,或称为横向滤波器结构。同时可以看出,被延时的每一级信号被适当的系数(脉冲响应值)加权,然后将所得乘积相加就可得到输出 $y(n)$ 。

### 5.4.3　FIR 滤波器与 IIR 滤波器的比较

下面对 FIR 和 IIR 滤波器进行比较,以便在实际应用中确定选用滤波器的标准,如表 5-6 所示。

**表 5-6　FIR 和 IIR 滤波器性能对比**

| FIR 滤波器 | IIR 滤波器 |
| --- | --- |
| 单位脉冲响应 $h(n)$ 是有限长序列 | 单位脉冲响应 $h(n)$ 是无限长序列 |
| 非递归结构 | 递归结构 |
| 幅度、相位特性随意设计 | 用于设计规格化的选频滤波器 |
| 严格的线性相位 | 非线性相位 |
| 稳定,误差较小 | 可能出现不稳定问题 |
| 若系数对称,可使运算量减少近一半 | 因阶次较低而运算量小 |
| 可用 FFT 实现,运算效率高 | 不能用 FFT 实现 |

### 5.4.4　8 阶 FIR 滤波器设计实例

**1. FIR 滤波器的 Matlab 仿真**

（1）输入数据的生成

首先生成具有一定频率的正弦波数据，对其进行归一化、定点（16 位），将其作为 FIR 的输入，其时域波形和频域波形如图 5-8 所示。

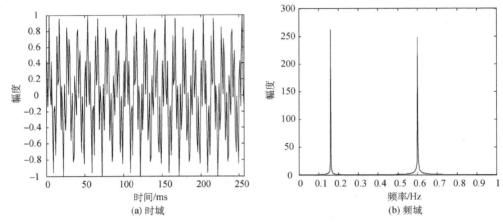

**图 5-8　FIR 滤波器输入数据时域和频域波形 Matlab 仿真图**

（2）FIR 滤波器系数的求取

根据滤波器的通带频率、阻带频率、通带衰减、阻带衰减，用 Matlab 自带函数 FIR2 设计滤波器，求得 FIR 系数，并对其进行归一化、定点（16 位）。其频率响应如图 5-9 所示。

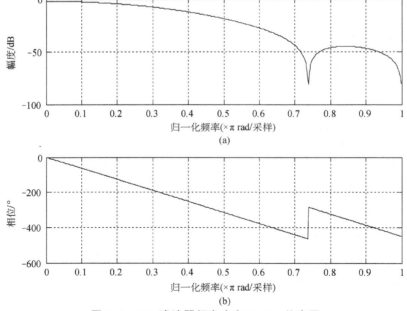

**图 5-9　FIR 滤波器频率响应 Matlab 仿真图**

（3）FIR 的实现

先后通过移位、寄存、相乘、相加实现 FIR 滤波器的功能。由于设计的 FIR 滤波器为 8 阶，输出数据由 8 个抽头数据相加所得，输出最多产生 3 个进位（$\log_2 8 = 3$），所以应将运算结果向右移 3 位，FIR 输出结果的时域波形和频域波形如图 5-10 所示。

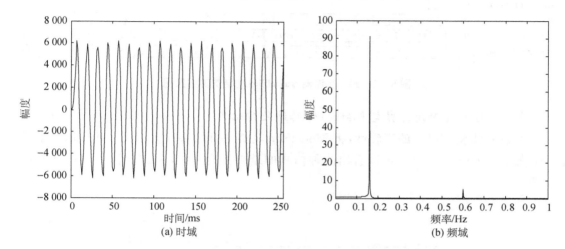

图 5-10　FIR 滤波器输出时域和频域波形 Matlab 仿真图

2. FIR 滤波器模块的 ModelSim 仿真

（1）FIR 滤波器模块的 Verilog HDL 设计

FIR 滤波器的结构比较简单，其主要由加法器和乘法器构成，本例中 16 位乘法器 mult_16×16 由 IP Core 实现。滤波器的输入为 16 位，输出为 32 位，由于 16 位和 16 位相乘的结果为 32 位，8 次乘法结果相加不溢出的数据位数为 35 位，所以中间变量全部设置为 35 位，这样可以保证输入信号无论是有符号数还是无符号数，计算结果都是正确的。输出结果的范围可以根据输入信号的范围进行选择，因为无论输入是什么值，运算的中间变量都没有任何的损失，最终输出的结果受到系统位宽的限制，会造成一定的损失，可以根据输入范围对输出范围进行选择，以达到系统的要求。下面是 8 阶 FIR 滤波器的 Verilog HDL 实现方案。

① 设计方案：利用紫光同创公司提供的 DSP 核，实现乘法运算。

② 模块说明：

fir.v：调用紫光同创公司乘法器的 IP Core 实现滤波器功能。

mult_16×16.v：紫光同创公司乘法器的 IP Core。

③ 详细设计：FIR 滤波器设计实例见附录 C.2。

（2）8 阶 FIR 滤波器测试向量 Testbench 设计

首先对滤波器初始化并复位，然后输入预先生成的 16 位定点数。为方便验证滤波器设计的正确性，这里的数据由 Matlab 生成。

附录 C.2

FIR 滤波器测试向量 Testbench 的设计实例见附录 C.3。

（3）ModelSim 功能仿真

上述代码的 ModelSim 功能仿真结果如图 5-11 所示。

附录 C.3

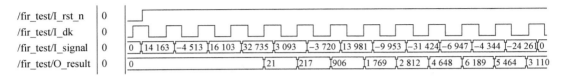

**图 5-11　FIR 滤波器 ModelSim 功能仿真结果图**

**3. ModelSim 功能仿真与 Matlab 仿真结果对比**

为进一步验证设计的正确性，将 ModelSim 功能仿真结果导出，与 Matlab 仿真结果相比较，如图 5-12 所示。可以看出两种仿真的结果完全一致，由此验证了本设计的正确性。

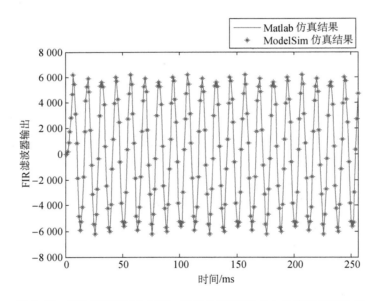

**图 5-12　FIR 滤波器 ModelSim 功能仿真与 Matlab 仿真结果对比图**

**4. FIR 滤波器的设计说明**

（1）所有的中间变量都设置为 35 位

因为 16 位和 16 位相乘结果为 32 位，8 次 16 位乘法的结果相加不溢出的结果为 35 位，所以中间变量全部设置为 35 位，根据 5.1.3 节的分析，无论输入的是无符号数还是有符号数，结果都是正确的。

（2）加法采用的表达式

R_result <=((W1_mult+W2_mult)+(W3_mult+W4_mult)+(W5_mult+W6_mult)+

(W7_mult+W8_mult));

采用了 4.4.1 节并行处理分析的方法,其运行速度相对没有括号的表达式的运行速度要快很多。

(3) 输出信号的表达式

$$assign \quad O\_result \quad = \quad R\_result[33:18];$$

输出结果的范围可以根据输入信号的范围进行选择,因为无论输入是什么值,运算的中间变量都没有任何的损失,最终输出的结果受到系统位宽的限制,会造成一定的损失,可以根据输入的范围对输出的范围进行选择,达到系统的要求。如输入信号的值都比较小,那么输出可以设置为:

$$assign \quad O\_result \quad = \quad R\_result[17:0];$$

实际上,输出信号范围是可以根据输入信号范围计算出来的,这一点可以留给细心的读者自己来分析。

(4) 乘法器的个数

在本设计里,一共使用了 8 个乘法器,因为仅仅是范例,所以对乘法器的个数没有限制,但在实际应用中,乘法器的个数会受到很多条件的制约,因为硬件乘法器的速度很快(250～550 MHz,不同芯片可以运行的速度不同),所以可以复用乘法器,即一个系统周期地利用一个乘法器进行多次乘法运算,这也是最常用的设计方案。具体的设计方法在下面的章节中有详细介绍。

(5) 延时信号的存储

在本设计中,采用寄存器存储中间的延时信号,16 位 8 阶的 FIR 滤波器需要存储 7 个 16 位的延时信号,需要 112 个寄存器,那么当 FIR 滤波器的阶数和位宽变得越来越大的时候,芯片内部的寄存器资源就会很紧张。这时可以采用芯片内部 RAM 资源存储延时信号来解决这个问题,详细的设计方法在下面的章节中有详细介绍。

(6) 乘法器的设置

使用芯片内部的乘法器时,需要对乘法器进行一定的设置,比如设置输入位宽、输出位宽、有符号数、无符号数、同步乘法器、异步乘法器等。这个例子设置的乘法器为异步、16 位输入、32 位有符号数输出。当设置好乘法器为有符号数后,这个实例就只能输入有符号数(读者如果想要综合这些例子,则要自己使用 EDA 软件生成乘法器的 IP Core)。

(7) 系数的量化

将系数在 16 bit 的范围内进行量化。确定系数的范围,然后以 32 767 进行归一化后,在−32 768～32 767 范围内对其进行量化。

### 5.4.5 IIR 滤波器设计实例

#### 1. IIR 滤波器的 Matlab 仿真

首先生成具有一定频率的正弦波数据,对其进行归一化、定点化(16 位),作为 IIR 滤波器的输入,其时域波形和频域波形如图 5-13 所示。

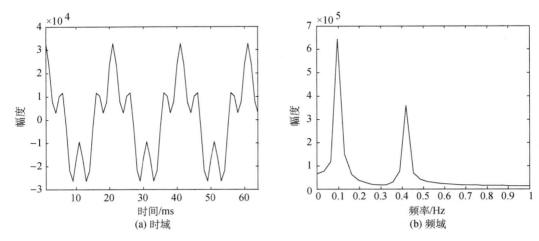

(a) 时域　　(b) 频域

**图 5-13　IIR 滤波器输入时域和频域波形 Matlab 仿真图**

通过函数 butter 求取巴特沃斯低通滤波器的系数。将求得的系数进行 16 位定点处理(以最大值归一化,而后以 $2^{15}$ 扩大后截取整数部分)。考虑到定点化会带来误差,将改变 IIR 滤波器的极点位置,进而影响其稳定性,我们分别绘制了其定点前后的零极点图,如图 5-14 所示。

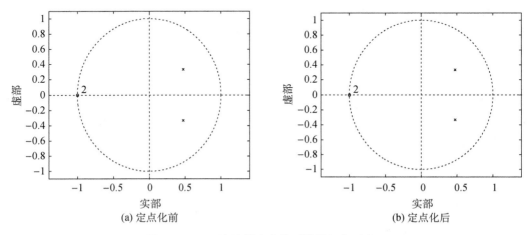

(a) 定点化前　　(b) 定点化后

**图 5-14　IIR 滤波器定点前后的零极点对比图**

可见,本例中定点后的 IIR 滤波器极点位置改变得很小,仍然位于单位圆内,故滤波器是稳定的。滤波后可得到的输出波形及频谱如图 5-15 所示。

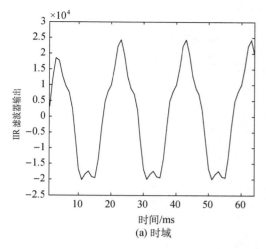
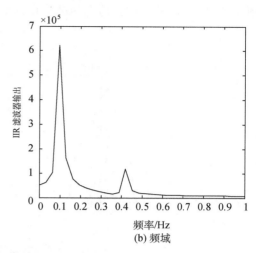

(a) 时域　　　　　　　　　　(b) 频域

图 5-15　IIR 滤波器输出时域和频域波形 Matlab 仿真图

2. IIR 滤波器的 ModelSim 仿真

（1）IIR 滤波器的 Verilog HDL 实现

IIR 滤波器结构如图 5-5 所示，与 FIR 滤波器一样，IIR 滤波器结构同样主要由加法器和乘法器构成。IIR 滤波器的输入为 16 位，输出为 16 位，中间变量全部设置为 35 位。下面是二阶 IIR 滤波器的 Verilog HDL 实现方案。

① 设计方案：利用紫光同创公司提供的 DSP 核，实现乘法运算。

② 模块说明：

iir.v：调用紫光同创公司乘法器的 IP Core 实现滤波器功能。

S_16X16.v：紫光同创公司乘法器的 IP Core。

③ 详细设计：IIR 滤波器的设计实例见附录 C.4。

附录 C.4

（2）IIR 滤波器测试向量 Testbench 设计

首先对滤波器初始化并复位，然后输入预先生成的 16 位定点数据。

IIR 滤波器的测试向量 Testbench 设计实例见附录 C.5。

（3）ModelSim 功能仿真

上述代码的 ModelSim 功能仿真结果如图 5-16 所示。

附录 C.5

图 5-16　IIR 滤波器 ModelSim 功能仿真图

3. Matlab 仿真与 ModelSim 功能仿真结果对比

将 ModelSim 功能仿真结果导出，送回 Matlab 进行对比，对比结果参见图 5-17。从

图 5-17 中可以看出两种仿真的结果是完全一致的。

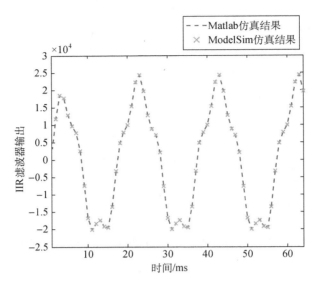

**图 5-17　IIR 滤波器 ModelSim 功能仿真与 Matlab 仿真结果对比图**

**4. IIR 滤波器的设计说明**

（1）所有的中间变量都设置为 35 位

因为 16 位和 16 位相乘结果为 32 位，5 次 16 位乘法的结果相加不溢出的结果为 35 位，所以中间变量全部设置为 35 位，那么根据 5.1.3 节的分析，无论输入的是无符号数还是有符号数，结果都是正确的。

（2）加法采用的表达式

```
W_signal_y <= (W1_mult_result+W2_mult_result)+(W3_mult_result
-W4_mult_result)-W5_mult_result;
```

读者可以自己分析其运行速度与 FIR 滤波器相比较的结果。

（3）输出信号的表达式

```
O_signal_y<=R_signal_y[34:19];
```

输出结果的范围可根据输入信号的范围进行选择，因为无论输入是什么值，运算的中间变量都没有任何的损失，最终输出的结果受到系统位宽的限制，会造成一定的损失，可以根据输入的范围对输出的范围进行选择，达到系统的要求。如输入信号的值都比较小，那么输出可以设置为：

```
O_signal_y<=R_signal_y[15:0];
```

实际上，输出信号的范围是可以由输入信号的范围计算出来的，这一点可以留给细心的读者自己来分析。

（4）乘法器的个数

在这个设计里，一共使用了 5 个乘法器，因为仅仅是范例，所以对乘法器的个数没有限制,但是在实际应用中,乘法器的个数会受到很多条件的制约,因为硬件乘法器的速度很快(250～550 MHz,不同芯片可以运行的速度不同),所以可以复用乘法器,即一个系统周期地利用一个乘法器运行多次乘法,这也是最常用的设计方案。具体的设计方法在下面的章节中有详细的介绍。

（5）延时信号的存储

在这个设计里,采用寄存器存储中间的延时信号,16 位 IIR 滤波器需要存储 3 个 16 位的延时信号,需要 48 个寄存器,若要达到同样的滤波效果,IIR 滤波器需要的阶数要小于 FIR 滤波器,所以一般直接使用寄存器存储中间延时信号,这样设计比较简单,而且比较容易理解。

（6）乘法器的设置

使用芯片内部的乘法器时,需要对乘法器进行一定的设置,比如设置输入位宽、输出位宽、有符号数、无符号数、同步乘法器、异步乘法器等。这个例子设置的乘法器为同步、16 位输入、35 位有符号数输出。当设置好乘法器为有符号数后,这个实例就只能输入有符号数了。读者可以将其与 FIR 滤波器的异步乘法器进行比较(读者如果要综合这些例子,需要自己使用 ISE 生成乘法器的 IP Core)。

（7）系数的量化

将系数在 16 bit 的范围内进行量化。确定系数的范围,然后以 32 768 进行归一化后,在 －32 768～32 767 范围内对其进行量化。

## 5.5　紫光同创公司数字信号处理 IP Core 的应用

### 5.5.1　Core Generator 综述

**1. IP Core 的定义**

IP Core 是具有知识产权的集成电路芯片设计的统称,是经过反复验证的、具有特定功能的宏模块。目前,IP Core 已经成为系统设计的基本单元,并作为独立设计成果被使用、交换、转让和销售。

**2. IP Core 的分类**

IP Core 可以在不同的硬件描述级实现,它分为软 Core 和硬 Core 两类。

（1）软 Core:是用硬件描述语言描述的功能块,是寄存器传输级模型。它需要经过功能仿真、综合以及布局布线才能使用。

（2）硬 Core:指经过布局和工艺固定、前端和后端验证后的设计,设计人员不能对其修改。

IP Core 的优缺点:

（1）软 Core 优点是灵活度高、可移植性强,允许用户自己配置;缺点是对模块的预测性低,设计中存在风险。

（2）硬 Core 最大的优点是性能好，如速度快、功耗低等。缺点是难以移植到新工艺或集成到新结构中，是不可重配置的，其复用有一定的困难，因此只用于某些特定应用，适用范围较窄。

3. IP Core 的生成

紫光同创公司为用户提供了基础的 IP Core，并且也可以根据用户需求定制专门的 IP Core，其高效、成熟、快捷的特点，可大幅度减轻设计者的工作量，缩短设计周期，提高设计质量。

IP Core 生成器使用的基本步骤大致分为：工程的建立，选择适用的 IP Core，IP Core 的参数设计与生成，IP Core 的例化、仿真与综合。

4. IP Core 的启动方法

IP Core 可以单独启动，也可以从 Pango Design Suite 中打开，方法是点击菜单项 Tools→IP Compiler 或者直接点击工具栏中的 IP Compiler 按钮 。

图 5-18　IP Core 主控窗口

5. IP Core 生成的常用文件解析

.v：所生成 IP 的顶层 .v 文件。

_tb.v：所生成 IP 的 Test Bench .v 文件。

.vm：所生成 IP 综合后输出 .vm 文件。

_tmpl.v：所生成 IP 的例化举例 .v 文件，不可以参与编译。

## 5.5.2　数字信号处理的 IP Core

紫光同创关于数字信号处理有多种 IP Core 可以调用，如乘法累加器（Multiply

Accumulator）、分布式 RAM（Distributed Single Port RAM）、PCI Express IP Core、
SDRAM 读写模块（HMIC_H IP Core）。这些功能涵盖了数字信号处理中几乎所有常用
的成熟设计。这些 IP Core 是根据紫光同创公司 FPGA 器件的特点和结构设计的，直接
使用了 FPGA 底层的硬件描述语言，可充分发挥 FPGA 的性能。

1. 乘累加器（Logos Multiply-Accumulator）IP Core

Logos Multiply-Accumulator 是基于 APM 的乘法器，支持 a，b 两个输入，Multiply-
Accumulator IP 支持 a，b 两个输入口，支持范围在 36×36 以内的数据位宽模式，支持
SIGNED，UNSIGNED 数据。

输入：　　a，b

乘累加：　p＝p＋/－a×b

Logos Multiply-Accumulator IP 特性：

① Logos Multiply-Accumulator 可以配置为输入数据位宽小于等于 9×9 的乘累加
运算，p 可选为 24 bit 或者 48 bit；

② Logos Multiply-Accumulator 可以配置为输入数据位宽小于等于 18×18 的乘累
加运算，p 为 96 bit；

③ Logos Multiply-Accumulator 可以配置为输入数据位宽小于等于 36×18 的乘累
加运算，p 为 66 bit；

④ Logos Multiply-Accumulator 可以配置为输入数据位宽小于等于 36×36 的乘累
加运算，p 为 84 bit；

⑤ 支持有符号数和无符号数；

⑥ 支持动/静态累加累减；

⑦ 支持同步复位、异步复位；

⑧ 可选 2 级流水寄存器；

⑨ P 值可预置。

图 5-19 为乘累加模式应用示意图。

2. 分布式单端口 RAM（Distributed Single Port RAM）IP Core

Distributed Single Port RAM 输入只有一组数据线和一组地址线，只有一个时钟，读
写共用地址线，输出只有一个端口，所以单端口 RAM 的读写操作不能同时进行。当 wea
拉高时，会将数据写入对应的地址，同时 douta 输出的数据与此时写入的数据是一致的，
因此在读的时候需要重新生成对应的读地址给 addra，并且拉低 wea。

Distributed Single Port RAM 的主要特性如下：

① 支持两种复位模式——异步复位、同步复位；

② 支持输出寄存；

③ 支持使用初始化文件进行初始化，其中初始化文件可以是二进制或十六进制。

3. PCI Express IP Core

Logos 系列 PCI Express IP 是紫光同创的 FPGA 产品中用于实现 PCIe 协议而设计

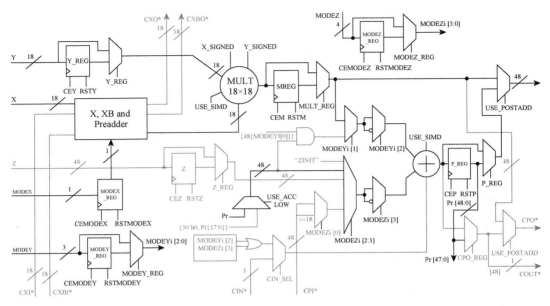

**图 5-19　乘累加模式应用示意图**

的 IP。

PCI Express IP 主要由 ipsl_pcie_hard_ctrl 和 ipsl_pcie_soft_phy 两部分组成。

① ipsl_pcie_hard_ctrl：用于实现协议相关的 Transaction Layer、Data Link Layer 及 Physical Layer（MAC）三层的主要功能。

• external_ram：用于实现 PCIe 的 RCV_HEAD_RAM、RCV_DATA_RAM、RETRY_DATA_RAM 功能。

• GTP_PCIEGEN2：用于实现 PCIe 的主要功能。

② ipsl_pcie_soft_phy：包含 HSST 及相应的复位序列。

• hsstl_rst4mcrsw：HSST 复位序列。

• ipml_pcie_hsst_top：HSST 顶层。

图 5-20 是 PCI Express IP 功能示意图。

4. HMIC_H IP Core

HMIC_H IP 是紫光同创 FPGA 产品中用于实现对 SDRAM 读写而设计的 IP，通过公司 Pango Design Suite 套件中 IP Compiler 工具例化生成 IP 模块。

HMIC_H IP 包括了 DDR Controller、DDR PHY 和 PLL，用户通过 AXI4 接口实现数据的读写，通过 APB 接口可配置 DDR Controller 内部寄存器，PLL 用于产生需要的各种时钟。

（1）AXI4 接口：HMIC_H IP 提供三组 AXI4 Host Port——AXI4 Port0（128 bit）、AXI4 Port1（64 bit）、AXI4 Port2（64 bit）。用户通过 HMIC_H IP 界面可以选择使能这三组 AXI4 Port，三组 AXI4 Host Port 均为标准 AXI4 接口。

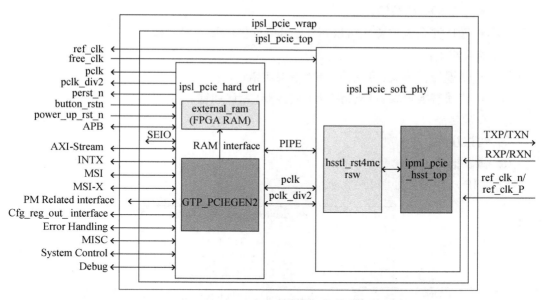

图 5-20　PCI Express IP 功能示意图

（2）APB 接口：HMIC_H IP 提供一个 APB 配置接口，通过该接口，可配置 DDR Controller 内部寄存器。HMIC_H IP 初始化完成后使能该接口。

HMIC_H IP 系统框图如图 5-21 所示。

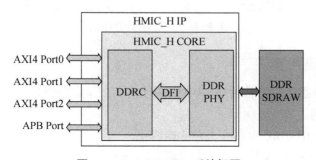

图 5-21　HMIC_H IP 系统框图

5. Single Event Upsets IP Core

在 FPGA 器件中，涉及 4 类存储类型：配置存储单元、DRM 存储单元、分布式存储单元和触发器。在这 4 类存储单元中均有发生软失效的可能。IPSL_SEU IP 则是基于 Logos 器件中代码调试器（Code Composer Studio，CCS）的检错电路，是针对配置存储单元的软失效进行设计的 IP，用于帮助用户缓解系统软失效问题。

IPSL_SEU IP 支持如下功能：

① 功能初始化。

② 错误检出：

• 1-bit 纠错码（Error Correcting Code，ECC）检错；

- 2-bit ECC 检错；
- 循环冗余码校验(Cyclic Redundaney Check，CRC)检错。
③ 错误纠正：
- 错误修复模式：可支持 1 bit 错误纠错；
- 错误替换模式：可支持 1 bit 或多 bit 错误纠错。
④ 心跳功能。
⑤ 错误注入。
⑥ 错误报告。
SEU IP 功能框图如图 5-22 所示。

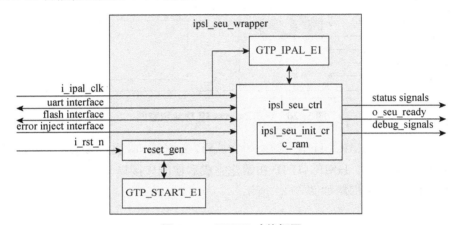

图 5-22　SEU IP 功能框图

### 5.5.3　IP Core 调用实例

乘法器和存储器在数字信号处理中应用十分广泛，紫光同创提供了几种基础的 IP Core 以供用户使用。

【例 5.9】使用 IP Core 生成一个乘法器模块。

（1）启动 IP Core 生成器

在【Tools】/【IP Compiler】下启动 IP Core 生成器，启动后的界面如图 5-23 所示。

（2）当下方 View by 选中 Function 时，在左侧 Catalog 页面选择 Module/Multiplier 目录下的 Simple Multiplier。

（3）然后在右侧 Configuration 页面 Project Path 设置例化此 IP 的路径，设置 Instance Name 名称，选择器件类型。

（4）IP 选择完成后点击 Customize 进入 Simple Multiplier 参数设置界面，如图 5-24所示，左侧 Symbol 为接口框图，右侧为参数配置窗口。

用户可以选择两个输入通道数据的类型和 2~72 个位宽的数据输入，并且可以根据需要选择 0~5 个快拍数的 Pipeline Stages，在数据位宽较大时，延迟会变大，用户可以选择时序优化方案 Optimal Timing 来减小延迟。

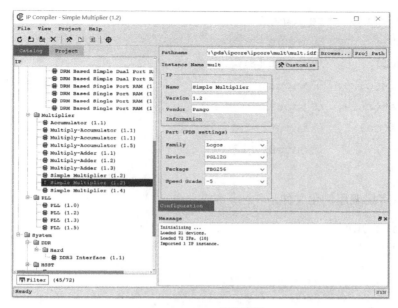

5-23　**IP Core 启动界面**

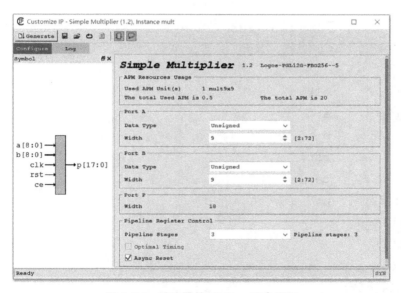

图 5-24　乘法器的 IP Core 用户界面

在这里我们选择的是 9 位无符号数的相乘,采用异步复位,输出延时为 3。

乘法器的 IP Core 具有的控制信号详述如下,

① a/ b:输入数据;

② rst:异步复位信号;

③ ce:片选开关,该输入端为高电平时才开始工作。

生成乘法器的 Verilog HDL 例化文件为:

```
mult the_instance_name (
    .a(a),       // input [8:0]
    .b(b),       // input [8:0]
    .clk(clk),   // input
    .rst(rst),   // input
    .ce(ce),     // input
    .p(p)        // output [17:0]
    );
```

使用时,直接调用例化文件。

```
module  MULT(
    clk,
    a,
    b,
    rst,
    ce,
    p
);

input        clk;
input[8:0]   a;
input        b;
input        rst;
input        ce;
output[17:0] p;
mult mult_u (
    .a(a),
    .b(b),
    .clk(clk),
    .rst(rst),
    .ce(ce),
    .p(p)
    );
endmodule
```

【例 5.10】使用 IP Core 生成一个 FIFO 模块。

(1) 启动 IP Core 生成器

在【Tools】/【IP Compiler】下启动 IP Core 生成器,启动后的界面如图 5-25 所示。

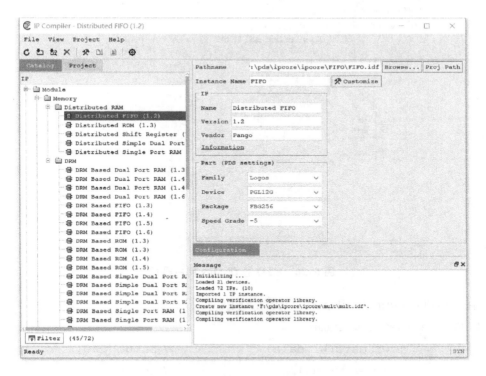

图 5-25　IP Core 启动界面

(2) 当下方 View by 选中 Function 时,在左侧 Catalog 页面选择 Module/Memory 目录下的 Distributed FIFO。

(3) 然后在右侧 Configuration 页面 Project Path 设置例化此 IP 的路径,设置 Instance Name 名称,选择器件类型。

(4) IP 选择完成后点击 Customize 进入 Distributed FIFO 参数设置界面,如图 5-26所示,左侧 Symbol 为接口框图,右侧为参数配置窗口。

用户可以选择 4~10 的地址位宽以及 1~256 的数据位宽,并且可以根据需要选择 Alomst Full/Almost Empty Numbers。

在这里我们选择的地址位宽为 4,数据位宽为 4 的同步 FIFO。

乘法器的 IP Core 具有的控制信号详述如下:

① Wr_data/Rd_data:写数据和读数据,可以选择 4~10 位的数据宽度。

② Wr_en/Rd_en:写数据和读数据的使能,断言后 IP Core 开始顺序写或者读。

③ Full/Empty:FIFO 写满/读空标志位。

④ Almost Full/Almost Empty:FIFO 将要写满/读空标志位。具体将要差几个数据可以根据用户需求在配置界面设置。

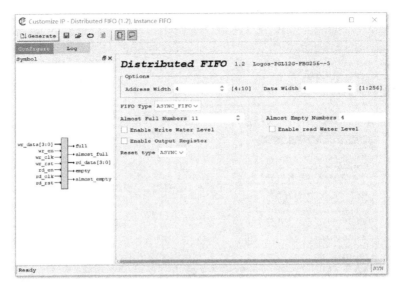

**图 5-26 FIFO 的 IP Core 用户界面**

生成 FIFO 模块的 Verilog HDL 例化文件

```verilog
FIFO the_instance_name (
        .wr_data(wr_data),              // input [3:0]
        .wr_en(wr_en),                  // input
        .wr_clk(wr_clk),                // input
        .full(full),                    // output
        .wr_rst(wr_rst),                // input
        .almost_full(almost_full),      // output
        .rd_data(rd_data),              // output [3:0]
        .rd_en(rd_en),                  // input
        .rd_clk(rd_clk),                // input
        .empty(empty),                  // output
        .rd_rst(rd_rst),                // input
        .almost_empty(almost_empty)     // output
        );
```

使用时，直接调用例化文件。

```verilog
module FIFO(
wr_data       ,
wr_en         ,
wr_clk        ,
wr_rst        ,
```

```verilog
    full           ,
    almost_full  ,
    rd_data        ,
    rd_en          ,
    rd_clk         ,
    rd_rst,empty ,
    almost_empty
    );
input  wire [3 : 0]      wr_data        ;
input  wire              wr_en          ;
input  wire              wr_clk         ;
input  wire              wr_rst         ;
input  wire              rd_en          ;
input  wire              rd_clk         ;
input  wire              rd_rst         ;
output wire              full           ;
output wire              almost_full  ;
output wire [3 : 0]      rd_data        ;
output wire              empty          ;
output wire              almost_empty;
FIFO FIFO_u (
    .wr_data        (wr_data),
    .wr_en          (wr_en),
    .wr_clk         (wr_clk),
    .full           (full),
    .wr_rst         (wr_rst),
    .almost_full    (almost_full),
    .rd_data        (rd_data),
    .rd_en          (rd_en),
    .rd_clk         (rd_clk),
    .empty          (empty),
    .rd_rst         (rd_rst),
    .almost_empty   (almost_empty)
    );
endmodule
```

**思考题**

1. 怎样才能保证 FPGA 中数字运算的结果正确?

2. 乘法与加法在 FPGA 中哪个的速度更快?

3. FPGA 与 DSPs 的特点各是什么? 它们分别适合于什么应用场合?

4. 如何设计一个块浮点数的 8 位输入、8 位输出的 6 阶 FIR 滤波器?

5. 如果例 5.4 中的 FIR 滤波器的运行速度没有达到预期的指标,如何通过修改代码达到提高速度的目的?

# 第**6**章 FPGA 开发应用实例

本章主要介绍 FPGA 在雷达与通信系统中的应用。根据雷达与通信系统的特点，分别介绍了雷达与通信系统中最常用的几种算法。在雷达系统中的应用方面，介绍了相关器算法、匹配滤波器算法、动目标检测算法（MTD）以及距离门恒虚警算法（CFAR）及其在 FPGA 中的具体设计过程；在通信系统中的应用方面，介绍了正交数字下变频（DDC）、正交幅度调制（QAM）、卷积编码等算法在 FPGA 中的具体设计过程。设计过程包括 Matlab 仿真、系数定点化、ModelSim 仿真以及 Matlab 与 ModelSim 仿真数据的比较。

## 6.1 相关器与匹配滤波器的设计实例

雷达信号处理系统均存在噪声，噪声直接影响系统对信号的处理质量，会对通信系统、雷达系统等无线电系统产生影响，如会降低系统对信号的检测能力，降低测量参数的精度等。

相关器根据信号和噪声相关函数的差异进行检波，周期信号的自相关函数仍然是周期的，且随时间衰减得较慢，而噪声的自相关函数随时间衰减得较快，因此相关器可从信号和噪声的混合波形中检测出周期信号。

匹配滤波器根据最大信噪比准则，通过设计与环境相匹配的接收机，完成从噪声污染的接收信号中尽量提取有用信号的功能，该接收机是白噪声背景下的最佳接收机。

### 6.1.1 相关器

相关特性是表征两个信号或一个信号相隔时间 $\tau$ 后信号之间相互关联程度大小的度量。假定两个能量型复信号（能量有限的信号）分别为 $s_1(t)$ 和 $s_2(t)$，其互相关函数定义为

$$R_{12}(\tau) = \int_{-\infty}^{\infty} s_1(t)s_2^*(t-\tau)\mathrm{d}t = \int_{-\infty}^{\infty} s_1(t+\tau)s_2^*(t)\mathrm{d}t \tag{6.1}$$

$$R_{21}(\tau) = \int_{-\infty}^{\infty} s_1^*(t-\tau)s_2(t)\mathrm{d}t = \int_{-\infty}^{\infty} s_1^*(t)s_2(t+\tau)\mathrm{d}t \tag{6.2}$$

若 $s_1(t) = s_2(t) = s(t)$，则可得自相关函数的定义为

$$R_{11}(\tau) = \int_{-\infty}^{\infty} s(t)s^*(t-\tau)\mathrm{d}t = \int_{-\infty}^{\infty} s(t+\tau)s^*(t)\mathrm{d}t \tag{6.3}$$

当输入信号信噪比较小时,互相关器比自相关器更有效,当输入信号信噪比较大时,这两种相关器的检测能力则相差不大。这是因为当输入信号信噪比较小时,互相关利用了一个没有噪声干扰的本机信号,而这个本机信号在自相关器中则是被噪声干扰了的混合波形,只有当信噪比足够大时,这个混合波形才与无噪声的本机信号波形相差不大。可见,在大信噪比时,采用自相关器的效果与采用互相关器一样好,且便于实现。

### 6.1.2 匹配滤波器

假定一个线性滤波器的等效低通脉冲响应和频率特性分别为 $h_e(t)$ 和 $H_e(f)$,若在其输入端同时加有信号和噪声,即

$$r(t) = \mu(t) + n(t) \tag{6.4}$$

考虑到线性滤波器满足叠加原理,则线性滤波器的输出为

$$y(t) = \mu_0(t) + n_0(t) \tag{6.5}$$

其中,$\mu(t)$ 和 $\mu_0(t)$ 分别为滤波器输入和输出信号的复包络,$n(t)$ 和 $n_0(t)$ 分别为滤波器输入和输出噪声的复包络。则有

$$\mu_0(t) = \frac{1}{2} \int_{-\infty}^{\infty} \mu(t-\tau) h_e(\tau) d\tau \tag{6.6}$$

$$n_0(t) = \frac{1}{2} \int_{-\infty}^{\infty} n(t-\tau) h_e(\tau) d\tau \tag{6.7}$$

若滤波器输入信号为一个规则信号,则它的输出也是一个规则信号。这个输出的规则信号在某一个时刻 $t_0$ 必将形成最大峰值,此时输出信号的峰值功率可写为

$$P_S = |\mu_0(t_0)|^2 = \left| \frac{1}{2} \int_{-\infty}^{\infty} \mu(t_0-\tau) h_e(\tau) d\tau \right|^2 \tag{6.8}$$

因为噪声是随机信号,它通过滤波器不能形成峰值,所以输出噪声的平均功率为

$$P_N = E\left[ |n_0(t)|^2 \right] = \frac{N_0}{4} \int_{-\infty}^{\infty} |h_e(\tau)|^2 d\tau \tag{6.9}$$

因此,线性滤波器输出的信号噪声功率比为

$$\rho = \frac{P_S}{P_N} = \frac{\left| \int_{-\infty}^{\infty} \mu(t_0-\tau) h_e(\tau) d\tau \right|^2}{N_0 \int_{-\infty}^{\infty} |h_e(\tau)|^2 d\tau} \tag{6.10}$$

根据最大功率信噪比准则得到的最佳线性滤波器称为匹配滤波器(Matched Filter),即令式(6.10)结果为最大值。由施瓦茨取等号的条件可得,线性滤波器可给出最大输出功率信噪比,其值为

$$\rho_m = \frac{1}{N_0} \int_{-\infty}^{\infty} |\mu(t_0 - \tau)|^2 \, \mathrm{d}\tau \tag{6.11}$$

此时线性最佳滤波器——匹配滤波器的脉冲响应特性为

$$h_m(t) = C\mu^*(t_0 - t) \tag{6.12}$$

其中，$C$ 为比例常数，表示匹配滤波器的恒定放大量和恒定相位因子，显然，匹配滤波器的脉冲响应特性 $h_m(t)$ 除比例常数 $C$ 外，它就是输入信号复包络平移的镜像共轭。为方便讨论，这里令 $C=1$。

由式(6.12)可得匹配滤波器的频率特性为

$$\begin{aligned}
H_m(f) &= \int_{-\infty}^{\infty} \mu^*(t_0 - t) \mathrm{e}^{-\mathrm{j}2\pi ft} \, \mathrm{d}t = \left[ \int_{-\infty}^{\infty} \mu(t_0 - t) \mathrm{e}^{\mathrm{j}2\pi ft} \, \mathrm{d}t \right]^* \\
&= \left[ \int_{-\infty}^{\infty} \mu(t) \mathrm{e}^{\mathrm{j}2\pi f(t_0 - t)} \, \mathrm{d}t \right]^* \\
&= \mu^*(f) \mathrm{e}^{-\mathrm{j}2\pi ft_0}
\end{aligned} \tag{6.13}$$

或

$$H_m(f) = |\mu(f)| \, \mathrm{e}^{-\mathrm{j}\theta(f)} \, \mathrm{e}^{-\mathrm{j}2\pi ft_0} \tag{6.14}$$

可见匹配滤波器的幅频特性与输入信号的幅频特性完全一致，相频特性刚好是输入信号相频特性和线性相位项之和的负值。下面以 Barker 码为例进行介绍。

根据匹配滤波器理论，Barker 码匹配滤波器的频率特性应是

$$H(f) = \mu^*(f) \mathrm{e}^{-\mathrm{j}2\pi ft_0} \tag{6.15}$$

式中 $\mu(f)$ 为输入 Barker 码的频谱，其表达式为

$$\mu(f) = \left[ \frac{\sqrt{T}}{\sqrt{P}} \mathrm{sinc}(fT) \mathrm{e}^{-\mathrm{j}\pi fT} \right] \cdot \left[ \sum_{K=0}^{P-1} c_k \mathrm{e}^{-\mathrm{j}2\pi fKT} \right] \tag{6.16}$$

所以，Barker 码匹配滤波器的频率特性为

$$H(f) = \sqrt{\frac{T}{P}} \mathrm{sinc}(fT) \mathrm{e}^{\mathrm{j}\pi fT} \cdot \sum_{K=0}^{P-1} c_K \mathrm{e}^{\mathrm{j}2\pi fKT} \cdot \mathrm{e}^{-\mathrm{j}2\pi ft_0} \tag{6.17}$$

令 $t_0 = (P-1)T$，这样假设相当于在信号全部结束时信号达到最大值，因此

$$\begin{aligned}
H(f) &= \sqrt{\frac{T}{P}} \mathrm{sinc}(fT) \mathrm{e}^{\mathrm{j}\pi fT} \cdot \sum_{K=0}^{P-1} c_{(P-1)-K} \mathrm{e}^{-\mathrm{j}2\pi fKT} \\
&= \mu_1^*(f) \cdot \mu_2(f)
\end{aligned} \tag{6.18}$$

其中

$$\mu_1^*(f) = \sqrt{\frac{T}{P}} \mathrm{sinc}(fT) \mathrm{e}^{\mathrm{j}\pi fT}, \quad \mu_2(f) = \sum_{K=0}^{P-1} c_{(P-1)-K} \mathrm{e}^{-\mathrm{j}2\pi fKT}$$

由上式可知,Barker 码的匹配滤波器特性实际上就是子脉冲匹配滤波器与抽头延迟线求和网络特性之积。

对 13 位 Barker 码,通过上式的计算可知它的匹配滤波器结构如图 6-1 所示。

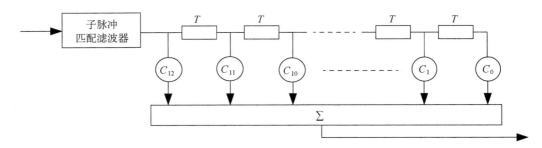

**图 6-1　13 位 Barker 码匹配滤波器结构图**

上图是由 12 节延迟线(每节延迟时间为 $T$)构成的加权延迟线求和网络和子脉冲匹配滤波器串联构成的。实际上,每节延迟线的加权系数刚好是 13 位 Barker 码编码序列的镜像。

### 6.1.3　相关器与匹配滤波器的关系

在白噪声情况下,匹配滤波器就是一个互相关器;若输入端不存在白噪声,匹配滤波器就是一个自相关器。这就是匹配滤波器和自相关器的等效性。因为在 $t = t_0$ 时匹配滤波器能给出最大功率信噪比或给出最大信号峰值功率,而此时相关器同样给出最大功率信噪比或给出最大输出信号峰值功率,所以在 $t = t_0$ 时刻匹配滤波器与相关器才完全等效。

在实际应用中二者考虑的出发点不同,匹配滤波器是在频域上完成信号处理的,主要考虑信号的频域特性;相关器是在时域上完成信号处理的,主要考虑信号的时域特性。另外,匹配滤波器可以给出连续的实时输出波形,而由于相关器不便于连续的取时延值,因此要得到相关函数的全景图形就要进行多次测量或使用多个并联的相关器。

### 6.1.4　13 位 Barker 码相关器设计实例

**1. 13 位 Barker 码相关器的 Matlab 仿真**

首先将 13 位 Barker 码归一化并以 16 位定点量化,而后求相关(相乘、求和),可得相关器在一连串时刻的输出如图 6-2 所示。

**2. 13 位 Barker 码相关器的 ModelSim 仿真**

(1) 13 位 Barker 码相关器的 Verilog HDL 实现

根据相关器的实现框图,可以得到如下 13 位 Barker 码的 Verilog HDL 语言实现。相关器的输入为 16 位,输出为 20 位。I_delay_num 信号为相关器延时的周期数,即距离门个数。

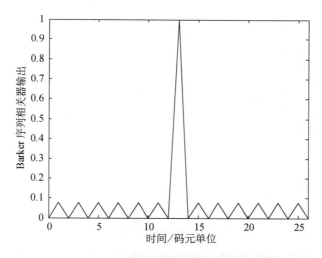

图 6-2　13 位 Barker 码相关器输出 Matlab 仿真图

① 设计方案:使用负数为取反加一的方法实现与一1 的乘法。

② 模块说明:

Barker13_acu.v:实现 13 位 Barker 码的相关器设计。

③ 详细设计:13 位 Barker 码相关器的设计实例见附录 C.6。

附录 C.6

（2）13 位 Barker 码相关器测试向量 Testbench 设计

对相关器初始化并复位后,输入预先生成的 16 位定点模拟回波。为方便验证滤波器设计的正确性,这里的数据由 Matlab 生成。

13 位 Barker 码相关器测试向量 Testbench 设计实例见附录 C.7。

（3）ModelSim 功能仿真

上述代码的 ModelSim 功能仿真结果如图 6-3 所示。

附录 C.7

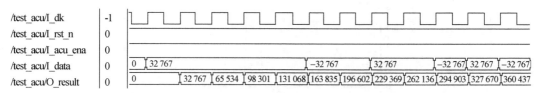

图 6-3　13 位 Barker 码相关器输出 ModelSim 功能仿真图

3. Matlab 仿真与 ModelSim 功能仿真结果对比

将 ModelSim 功能仿真结果导出,送回 Matlab 进行对比,如图 6-4 所示。可以看出两种仿真的结果是完全一致的。

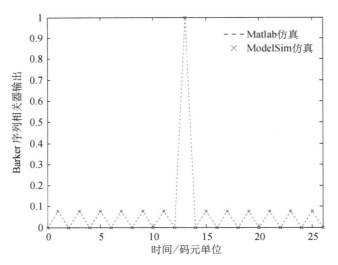

**图 6-4　13 位 Barker 码相关器输出 Matlab 和 ModelSim 功能仿真结果对比图**

## 6.1.5　13 位 Barker 码匹配滤波器设计实例

1. 13 位 Barker 码匹配滤波器的 Matlab 仿真

首先将 13 位 Barker 码归一化并以 16 位定点量化。而后进行匹配处理（反褶、时移、相乘、求和），可得匹配滤波器输出如图 6-5 所示。

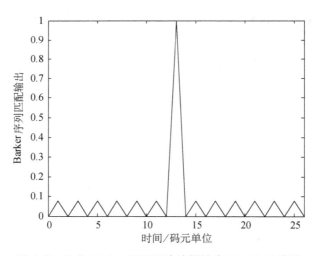

**图 6-5　13 位 Barker 码匹配滤波器输出 Matlab 仿真图**

可见，在其匹配时刻，滤波器的输出为最大值。

将 Matlab 生成的定点 13 位 Barker 码以 .coe 文件存储后送入 ModelSim 进行下一步仿真。

2. 13 位 Barker 码匹配滤波器的 ModelSim 仿真

（1）13 位 Barker 码匹配滤波器的 Verilog HDL 实现

由于匹配滤波器和 FIR 滤波器的实现是等价的,所以本例的实现与 FIR 滤波器基本相似。与前面 FIR 滤波器所不同的是这里的码字是二相码,因此不再需要使用乘法器,只需根据不同码字使用加(减)法器实现即可。

① 设计方案:使用负数为取反加一的方法实现与-1 的乘法。

② 模块说明:

Barker13_match.v:实现 13 位 Barker 码的匹配滤波器设计。

③ 详细设计:13 位 Barker 码匹配滤波器的设计实例见附录 C.8。

(2) 13 位 Barker 码匹配滤波器测试向量 Testbench 设计

对匹配滤波器初始化并复位后,输入预先生成的 16 位定点模拟回波。为方便验证滤波器设计的正确性,这里的数据由 Matlab 生成。

附录 C.8

13 位 Barker 码匹配滤波器测试向量 Testbench 设计实例见附录 C.9。

(3) ModelSim 功能仿真

上述代码的 ModelSim 功能仿真结果如图 6-6 所示,可以看出实际结果与设计要求是一致的。

附录 C.9

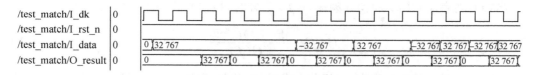

**图 6-6　13 位 Barker 码匹配滤波器输出 ModelSim 功能仿真图**

3. Matlab 仿真与 ModelSim 功能仿真结果对比

将 ModelSim 功能仿真结果导出,送回 Matlab 进行对比,如图 6-7 所示。可以看出两种仿真的结果是完全一致的。

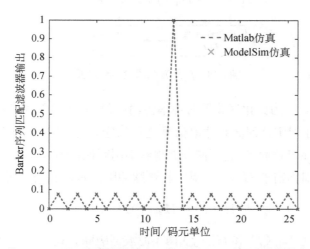

**图 6-7　13 位 Barker 码匹配滤波器输出 Matlab 和 ModelSim 功能仿真结果对比图**

## 6.2 MTD 算法的设计实例

### 6.2.1 MTD 原理

雷达探测的目标大多为运动目标,如飞机、舰船、导弹等,而目标的周围经常存在着各种地物、海浪、气象及箔条干扰等。运动目标和干扰物(产生的杂波包括固定杂波和运动杂波)的差别主要体现在其速度上,通常后者运动速度远比目标运动速度低,这一速度差别反映在雷达回波中表现为它们的多普勒频移不同,因此在时域上互相混叠的目标回波信号和杂波干扰有可能从频域上予以区分。

动目标检测(MTD)雷达可利用目标与背景干扰物之间运动速度的差异,将固定或缓慢运动背景的杂波干扰抑制掉,从而达到检测目标的目的,因此 MTD 处理技术已成为雷达抗干扰(尤其是抗杂波干扰和箔条干扰)的重要手段。MTD 利用了动目标雷达回波信号的多普勒频率偏移,采用滤波器组在复杂的雷达回波中检测动目标的多普勒频率,并以此来确定动目标的距离、速度和方位。

当杂波功率谱 $C(f)$ 和信号频谱 $S(f)$ 已知时,最佳滤波器的频率响应是

$$H(f) = \frac{S^*(f) \mathrm{e}^{-\mathrm{j}2\pi f t_0}}{C(f)} \tag{6.19}$$

这实际上就是基于色噪声(这里称为杂波)白化处理的匹配滤波器。这个最佳滤波器可分成两个级联的滤波器 $H_1(f)$ 和 $H_2(f)$,其传递函数分别为

$$|H_1(f)|^2 = \frac{1}{C(f)} \tag{6.20}$$

$$H_2(f) = H_1^*(f) S^*(f) \mathrm{e}^{-\mathrm{j}2\pi f t_0} \tag{6.21}$$

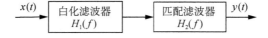

**图 6-8  广义匹配滤波器示意图**

可以认为,$H_1(f)$ 为白化滤波器的功率传输函数,其作用是使杂波输出的功率谱变为 1,而 $H_2(f)$ 用于对雷达回波脉冲串信号进行匹配,其广义匹配滤波器的结构示意图如图 6-8 所示。对 MTD 而言,它要使杂波得到抑制而让各种速度的运动目标信号通过,所以 MTD 滤波器即相当于 $H_2(f)$;对于相参脉冲串信号,$H_2(f)$ 还可进一步表示成:

$$H_2(f) = H_{21}(f) H_{22}(f) \tag{6.22}$$

即信号匹配滤波器为 $H_{21}(f)$ 和 $H_{22}(f)$ 两个滤波器级联。式中 $H_{21}(f)$ 为单个脉冲的匹配滤波器,通常在接收机中放实现;$H_{22}(f)$ 是梳齿形滤波器,齿的间隔为脉冲重复频率 $f_r$,齿的位置取决于回波信号的多普勒频移,而齿的宽度则应和回波谱线宽度相一致。

$H_{22}(f)$ 对相参脉冲串进行匹配滤波,它利用回波脉冲串的相位特性进行相参积累。

白化滤波器可由 FIR 实现,在零频附近有凹口实现对地杂波的近似白化滤波。在实际情况中,由于多普勒频移 $f_d$ 不能预知,因此需要采用一组相邻且部分重叠的滤波器组,覆盖整个多普勒频率范围。FFT 构

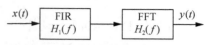

**图 6-9　MTD 滤波器示意图**

成一组频率轴上相邻且部分重叠的窄带滤波器组,以完成对多普勒频率不同的目标信号的近似匹配滤波。因此 MTD 滤波器可由图 6-9 所示结构实现。

$N$ 点 FFT 可表示为

$$X(n) = \sum_{k=0}^{N-1} x(k) e^{-j2\pi nk/N} = \sum_{k=0}^{N-1} W^{nk} x(k), n = 0, 1, 2, \cdots, N-1 \qquad (6.23)$$

其中,$W^{nk} = e^{-j2\pi nk/N}$。

式(6.23)中 $X(0), X(1), \cdots, X(N-1)$ 相当于 $N$ 个 FIR 滤波器的输出。各 FIR 滤波器的频率响应为

$$H_{2n}(f) = \sum_{k=0}^{N-1} e^{-j2\pi nk/N} e^{-j2\pi nkT_r} = \sum_{k=0}^{N-1} e^{-j2\pi nk(\frac{1}{N}+f/f_r)} \qquad (6.24)$$

因此,滤波器的幅度响应为

$$|H_{2n}(f)| = \frac{\sin[\pi N(f/f_r + n/N)]}{\sin[\pi(f/f_r + n/N)]}, n = 0, 1, 2, \cdots, N-1 \qquad (6.25)$$

式中,各滤波器具有相同形状,但中心频率不同,分别位于 $f/f_r = n/N, 1 \pm n/N, 2 \pm n/N \cdots$ 处,$n$ 为滤波器号。

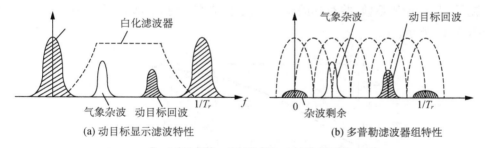

(a) 动目标显示滤波特性　　　　　　(b) 多普勒滤波器组特性

**图 6-10　动目标显示滤波器和多普勒滤波器组特性**

如图 6-10 所示,信号先通过白化滤波器,地杂波频谱位于 $f = \pm n f_r$ 处,$n = 0,1,2,\cdots$,其谱峰正好处于白化滤波器的凹口,所以地杂波得到抑制。随后,$N$ 点 FFT 形成的 $N$ 个滤波器则均匀分布在 $(0 \sim f_r)$ 的频率区间内,动目标信号由于其多普勒频率的不同可能出现在频率轴上的不同位置,因而可能从 $0^{\sharp} \sim (N-1)^{\sharp}$ 的多普勒滤波器输出。只要目标信号与杂波从不同的多普勒滤波器输出,目标信号所在滤波器输出的信杂比将得到明显提高。

### 6.2.2 MTD 设计实例

**1. MTD 的 Matlab 设计**

由上文分析可知 MTD 等效于高通 FIR 加 FFT 处理。

（1）输入数据的产生

首先生成具有一定频率的正弦波数据，对其进行归一化、定点（16 位），作为 MTD 的输入，其时域波形和频域波形如图 6-11 所示。

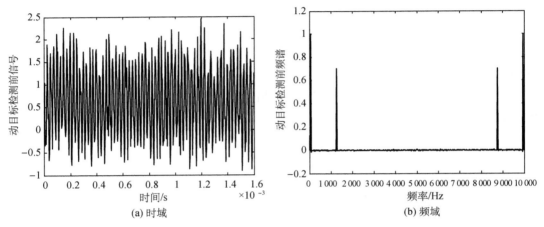

（a）时域 　　　（b）频域

**图 6-11　MTD 输入数据时域和频域波形 Matlab 仿真图**

（2）FIR（高通滤波器）的设计

根据滤波器的通带频率、阻带频率、通带衰减、阻带衰减，用 Matlab 自带函数 FIR2 设计滤波器，求得 FIR 系数，并对其进行归一化、定点（16 位）。MTD 的 FIR 滤波器频率响应如图 6-12 所示。

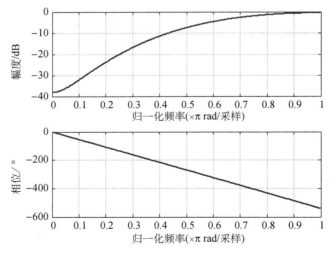

**图 6-12　MTD 的 FIR 滤波器频率响应图**

（3）MTD 的实现

由于 MTD 等效于高通 FIR 滤波器＋FFT 处理，所以首先对输入信号进行高通 FIR 滤波处理，然后进行 FFT 运算，以完成 MTD 的整个过程。MTD 的两个步骤即 FIR 滤波输出和 FFT 结果输出，如图 6-13 所示。

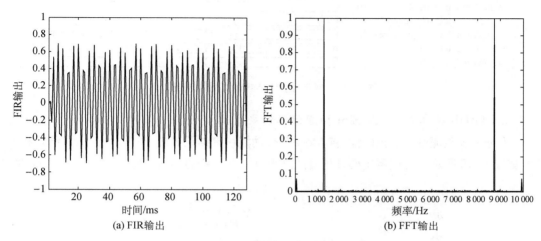

图 6-13　MTD 输出的 Matlab 仿真图

2. MTD 的 ModelSim 仿真

（1）MTD 的 Verilog HDL 实现

根据 MTD 的实现框图，可以得到如下的 Verilog HDL 语言实现方案，其中高通滤波使用 FIR 滤波器实现，FFT 模块、16 位乘法器和 33 位的开方模块均由 IP Core 实现。

① 设计方案：以 FIR＋FFT 算法实现 MTD 算法功能。

② 模块说明：

mtd.v：调用 5 个子模块 fir_re、fir_im、fft、mult 以及 squrt_33，实现 MTD 算法。

fir_re.v：实现输入数据实部的 FIR 算法。

fir_im.v：实现输入数据虚部的 FIR 算法。

fft.v：实现 FFT 算法。

mult.v：实现乘法功能。

squrt_33.v：实现开根号算法。

③ 详细设计：MTD 算法设计实例见附录 C.10。

（2）MTD 算法测试向量 Testbench 设计

MTD 的 Testbench 设计，对系统初始化并复位后，输入预先生成的 16 位定点模拟回波。为方便验证滤波器设计的正确性，这里的数据由 Matlab 生成。

MTD 算法测试向量 Testbench 设计实例见附录 C.11。

（3）ModelSim 功能仿真

上述代码的 ModelSim 功能仿真结果如图 6-14 所示。

附录 C.10

附录 C.11

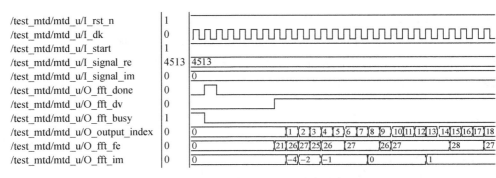

图 6-14　MTD 的 ModelSim 功能仿真图

**3. Matlab 仿真与 ModelSim 功能仿真结果对比**

为进一步验证设计的正确性,将 ModelSim 功能仿真结果导出,与 Matlab 仿真结果相比较,如图 6-15 所示。可以看出两种仿真的结果是完全一致的,由此验证了本设计的正确性。

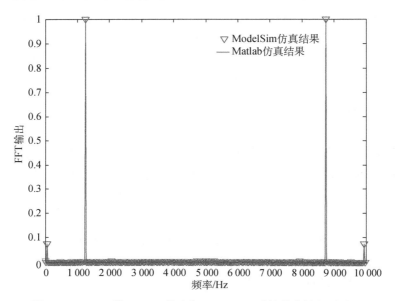

图 6-15　MTD 的 Matlab 仿真与 ModelSim 功能仿真结果对比图

图 6-15　MTD 的 Matlab 仿真与 ModelSim 功能仿真结果对比图

## 6.3　CFAR 算法的设计实例

### 6.3.1　CFAR 原理

恒虚警率(Constant False Alarm Rate,CFAR)处理技术是雷达信号处理的重要组成部分,雷达信号的检测总是在干扰背景下进行的,干扰包括接收机内部的热噪声,以及地物、雨雪、海浪等杂波干扰。其中,地杂波、海杂波、气象杂波和箔条杂波等都是由天线波束照射区内的大量散射单元的散射信号叠加而成的。在杂波干扰中提取信号,不仅要求有一定的信噪比,而且还必须有 CFAR 处理设备。CFAR 处理的目的是保持信号检测时的虚警率恒定,这样才能使数据处理终端不致因虚警太多而过载。

输入信号 $x_i$ 和 $y_i$ 被送到由 $(2L+1)$ 个延迟单元构成的延迟线上,$D$ 是被检测单元,$D$ 两侧的各 $L$ 个单元为参考单元。而杂波背景和噪声能量是通过对检测单元 $D$ 周围 $2L$ 个参考单元进行处理得到。CFAR 检测的自适应门限 $U_0$ 等于背景噪声与杂波强度估计量 $\hat{\mu}$ 与一个加权量 $K$ 的乘积,即 $U_0 = K\hat{\mu}$,其中加权量 $K$ 是一个仅与恒虚警水平及背景的分布特性有关的量,而 $\hat{\mu}$ 与具体的检测方式有关。当调整门限乘子 $K$ 的大小时,可以改变门限 $U_0$ 的大小,以保证不同工作方式下的检测性能为最优,从而控制了虚警率的大小。当检测单元 $D$ 的值大于门限 $U_0$,则该信号就被判决为目标信号。根据 $\hat{\mu}$ 的计算方式的不同,CFAR 检测器分为均值(ML)类和有序统计量(OS)类两种典型的检测器,其原理框图分别如图 6-16 和图 6-17 所示。ML 类 CFAR 包括单元平均 CA-CFAR、最大选择 GO-CFAR 和最小选择 SO-CFAR 等;OS 类 CFAR 包括有序统计 OS-CFAR、审定平均电平检测器 CMLD-CFAR、削减平均 TM-CFAR 等。ML 类 CFAR 和 OS 类 CFAR 中的 $\hat{\mu}$ 分别由式(6.26)、式(6.27)和式(6.28)确定:

$$\text{CA-CFAR:} \quad \hat{\mu}_{\text{CA}} = \sum_{i=1}^{L} x_i + \sum_{i=1}^{L} y_i \tag{6.26}$$

$$\text{GO-CFAR:} \quad \hat{\mu}_{\text{GO}} = \max\left(\sum_{i=1}^{L} x_i, \sum_{i=1}^{L} y_i\right) \tag{6.27}$$

$$\text{SO-CFAR:} \quad \hat{\mu}_{\text{SO}} = \min\left(\sum_{i=1}^{L} x_i, \sum_{i=1}^{L} y_i\right) \tag{6.28}$$

式中,$x_i$ 和 $y_i$ 为各单元的参考信号幅度,$L$ 为前沿和后沿参考滑窗长度。

$$\text{OS-CFAR:} \quad \hat{\mu}_{\text{OS}} = x_i \tag{6.29}$$

$$\text{CMLD-CFAR:} \quad \hat{\mu}_{\text{CMLD}} = \sum_{i=1}^{2L-l_2} x_i \tag{6.30}$$

$$\text{TM-CFAR:} \quad \hat{\mu}_{\text{TM}} = \sum_{i=l_1+1}^{2L-l_2} x_i \tag{6.31}$$

式中,$x_i$ 为各单元的参考信号按幅度由小到大排序后的第 $i$ 个值,$x_{l_1}$ 为在对各单元的参考信号按幅度由小到大排序后,从最小采样值起的 $l_1$ 个较小的参考单元采样值,$x_{l_2}$ 为在对各单元的参考信号按幅度由小到大排序后,从最大采样值起的 $l_2$ 个较大的参考单元采样值。

图 6-16 和图 6-17 中,$2L$ 个参考单元构成了计算均值估计 $\hat{\mu}$ 用的数据窗,在每次雷达发射脉冲后,接收的所有回波数据将从这个数据窗一次滑过,由于参考单元数目有限,均值估计 $\hat{\mu}$ 会有一定起伏。参考单元越少,均值估计 $\hat{\mu}$ 的起伏越大。为了保持同样的虚警率,必须适当提高门限(调整 $K$ 值),但门限值的提高将降低发现概率,所以需要增加信噪比以保持指定的发现概率。本文以 CA-CFAR 为例,进行 CFAR 的设计。

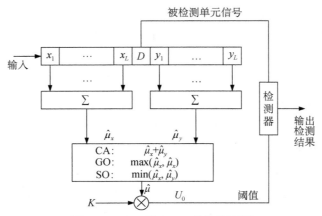

**图 6-16　ML 类 CFAR 结构示意图**

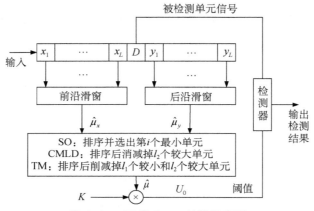

**图 6-17　OS 类 CFAR 结构示意图**

## 6.3.2　CFAR 设计实例

### 1. CFAR 的 Matlab 设计

在 CFAR 的设计实例中,假设目标回波中含有服从瑞利分布的杂波和服从均匀分布的随机噪声,采样目标回波产生 1 024 个数据,并对这些数据进行 16 位定点化。通过条件比较,剔除回波中的目标信号数据,生成只含杂波和噪声的干扰数据。使用原回波数据和干扰数据进行恒虚警处理,CFAR 的输入和输出 Matlab 仿真如图 6-18 所示,其具体 Matlab 程序如下:

```
clear all;
close all;
clc;
sigma=1;
n=1:1024;
width=16;
N=length(n);
```

```
rand('state',0);
u=rand(1,N);
ray_noise=sqrt(2* log2(1./u))* sigma;
ray_noise=round(ray_noise);
N=1024;
s=[zeros(1,100),100,zeros(1,399),500,zeros(1,299),200,zeros(1,N-
801)];
noise=rand(1,N);
x=s+ray_noise+noise;
x=round(x/max(x)* 2^(width-1));
for i=1:N
    if x(1,i)==2^(width-1)
        x(1,i)=x(1,i)-1;
    end
end
si=x;
N=length(x);
c=256;
if x(1,1)>=c
   x(1,1)=0;
end
for i=2:N
    if x(1,i)>=x(1,i-1)+c
        x(1,i)=x(1,i-1);
    else x(1,i)=3* x(1,i)/4+x(1,i-1)/4;
    end
end
result=zeros(1,N);
result(1,1)=si(1,1)-mean(x(1,1:8));
for i=2:8
    if mean(x(1,1:i-1))>= mean(x(1,i+1:i+8))
       noise_mean=mean(x(1,1:i-1));
    else noise_mean=mean(x(1,i+1:i+8));
    end
    result(1,i)=si(1,i)-noise_mean;
```

```
end
for i=9:N-9
    if mean(x(1,i-8:i-1))>=mean(x(1,i+1:i+8))
        noise_mean=mean(x(1,i-8:i-1));
    else noise_mean=mean(x(1,i+1:i+8));
    end
    result(1,i)=si(1,i)-noise_mean;
end
for i=N-8:N-1
    if mean(x(1,i-8:i-1))>=mean(x(1,i+1:N))
        noise_mean=mean(x(1,i-8:i-1));
    else noise_mean=mean(x(1,i+1:N));
    end
    result(1,i)=si(1,i)-noise_mean;
end
result(1,N)=si(1,N)-mean(x(1,N-8:N-1));
result=round(result);
```

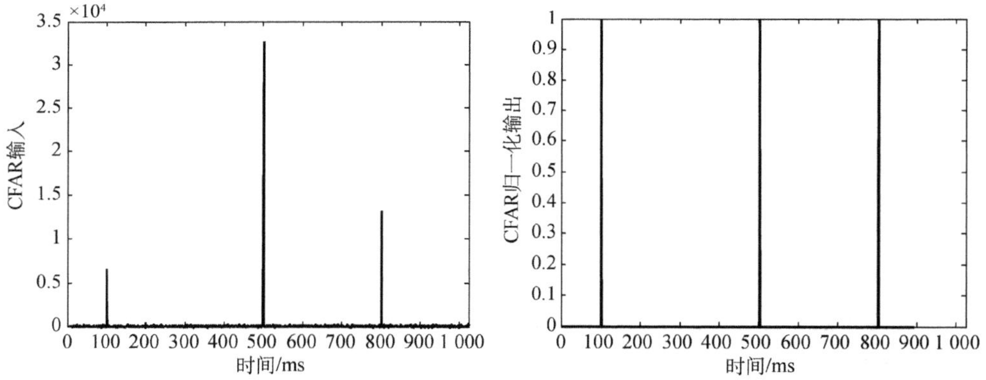

(a) CFAR输入  (b) CFAR输出

图 6-18　CFAR 的 Matlab 仿真图

2. CFAR 的 ModelSim 仿真

(1) CFAR 的 Verilog HDL 设计

CFAR 电路由目标回波消除电路和恒虚警电路构成,下面分别介绍其 Verilog HDL 设计。

① 回波消除电路

回波消除电路主要用来消除回波信号,以便后续电路计算噪声平均功率。信号通过此电路后分为两路输出:原信号和回波消除后的噪声信号输出。以下是回波消除电路的 Verilog HDL 设计方案。

a. 设计方案：调用 DSP 核实现回波消除功能。

b. 模块说明：

del.v：调用子模块 mult_16 实现回波消除功能。

mult_16.v：实现乘法功能。

c. 详细设计：回波消除电路的设计实例见附录 C.12。

② CFAR 算法

a. 设计方案：运用移位寄存器实现恒虚警电路功能。

b. 模块说明：

cfar.v：运用移位寄存器实现恒虚警电路功能。

c. 详细设计：恒虚警电路的设计实例见附录 C.13。

（2）CFAR 算法测试向量 Testbench 设计

对 CFAR 电路初始化并复位后，输入预先生成的 16 位定点模拟回波。为方便验证滤波器设计的正确性，这里的数据由 Matlab 生成。

CFAR 算法测试向量 Testbench 设计实例见附录 C.14。

（3）ModelSim 功能仿真

上述代码的 ModelSim 功能仿真结果如图 6-19 所示。

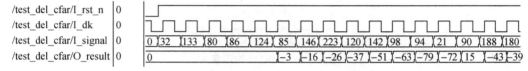

图 6-19　CFAR 的 ModelSim 功能仿真图

3. Matlab 仿真与 ModelSim 功能仿真结果对比

为进一步验证设计的正确性，将 ModelSim 功能仿真结果导出，与 Matlab 仿真结果相比较，如图 6-20 所示。可以看出两种仿真的结果是完全一致的，由此验证了本设计的正确性。

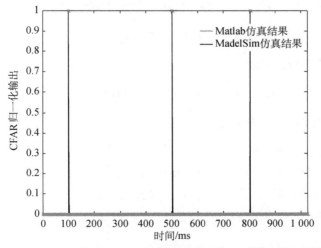

图 6-20　CFAR 的 ModelSim 功能仿真与 Matlab 仿真结果对比图

## 6.4 DDC 算法的设计实例

### 6.4.1 DDC 原理

20 世纪 90 年代初,软件无线电的概念一经提出,就在无线通信领域得到了广泛应用。相比传统的纯硬件电路通信设备,软件无线电技术是在通用的硬件平台上,尽可能利用软件实现无线电系统的功能,把硬件电路和软件程序相结合,具有设计修改灵活、成本低、可升级等优势,是未来通信技术发展的主要趋势。

受前端模数转换器(ADC)和后端 DSP 处理速度的限制,数字下变频技术(DDC)可以经混频、抽取、滤波,将中频信号转变为基带信号送给后续 DSP 进行处理,是实现软件无线电功能的关键技术之一。

DDC 主要由数字控制振荡器(NCO)、混频器、滤波器几部分组成。其接收处理过程的架构示意图如图 6-21 所示。

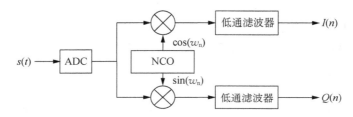

**图 6-21 DDC 架构示意图**

NCO 模块的主要目的是产生一组与载波同频的正交本振信号,之后将该信号和输入信号相乘实现混频,以使原始信号搬移到零频,并且输出两路正交信号。抽取滤波器模块常用的结构是积分梳状滤波器(CIC)与多级半带滤波器(HB)的级联,也可以采用 FIR 滤波器的形式。

对于一对正交基带信号 $I(t)$ 和 $Q(t)$,对应载波频率 $f_c$ 的上变频过程可以表示为

$$s(t) = [I(t) + jQ(t)] * e^{j2\pi f_c t} \tag{6.32}$$

传输信号为其信号的实部

$$s_{\mathrm{UC}}(t) = I(t)\cos(2\pi f_c t) - Q(t)\sin(2\pi f_c t) \tag{6.33}$$

下变频的恢复过程可以表示为

$$
\begin{aligned}
s_{\mathrm{DC}}(t) &= s_{\mathrm{UC}}(t) \times e^{-j2\pi f_c t} \\
&= [I(t)\cos(2\pi f_c t) - Q(t)\sin(2\pi f_c t)] \times [\cos(2\pi f_c t) - j\sin(2\pi f_c t)] \\
&= I(t)\cos^2(2\pi f_c t) - jI(t)\cos(2\pi f_c t)\sin(2\pi f_c t) \\
&\quad - Q(t)\cos(2\pi f_c t)\sin(2\pi f_c t) + jQ(t)\sin^2(2\pi f_c t)
\end{aligned}
$$

$$= I(t)\frac{1+\cos(2\pi\times2\times f_c t)}{2} - jI(t)\frac{\sin(2\pi\times2\times f_c t)}{2}$$

$$-Q(t)\frac{\sin(2\pi\times2\times f_c t)}{2} + jQ(t)\frac{1-\cos(2\pi\times2\times f_c t)}{2}$$

$$(6.34)$$

经过低通滤波

$$s_{DC}(t) = \frac{I(t)+jQ(t)}{2} \tag{6.35}$$

所以一对正交基带信号,可以在发送端经过上变频后在信道中传输,再经过 DDC 在接收端恢复。

### 6.4.2　DDC 设计实例

**1. DDC 的 Matlab 仿真**

由上文分析可知 DDC 等效于混频加低通滤波器处理。

(1) 输入数据的产生

将一对正交基带信号进行上变频,作为系统的输入。此处选择频率为 30 MHz 的余弦信号和正弦信号,分别作为 $I$ 路和 $Q$ 路的输入,上变频载频为 300 MHz,在 3 GHz 采样频率下 $I$ 路、$Q$ 路时域波形和正交合成基带信号的频域波形如图 6-22 所示,作为 DDC 输入的上变频信号的时域波形和频域波形如图 6-23 所示。

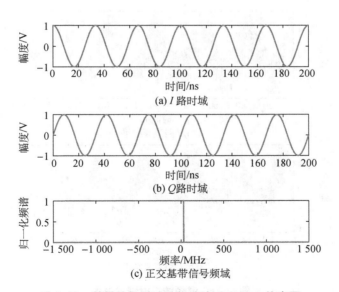

**图 6-22　基带信号时域和频域波形 Matlab 仿真图**

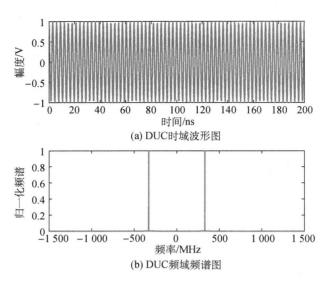

(a) DUC时域波形图

(b) DUC频域频谱图

**图 6-23　DDC 输入数据时域和频域波形 Matlab 仿真图**

（2）DDC 的实现

由于 DDC 等效于混频＋低通滤波器处理，所以对输入信号与正交本振进行相乘，混频结果的时域波形图如图 6-24 所示。

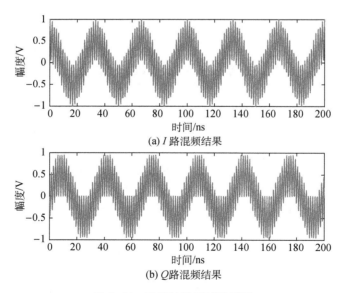

(a) I 路混频结果

(b) Q 路混频结果

**图 6-24　混频结果时域波形图**

最后对两路信号进行低通滤波，完成 DDC 的整个过程。I、Q 路输出结果的时域波形和合成信号频谱波形如图 6-25 所示。

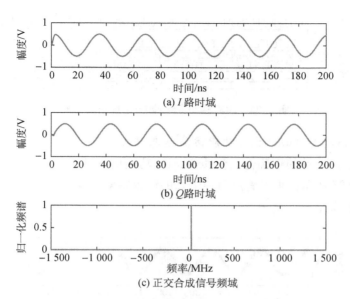

图 6-25　DDC 输出的 Matlab 仿真图

通过输出结果可以看出,待 Matlab 输出平稳后,输出信号与原输入信号波形保持一致,幅度变为输入信号的 1/2,符合理论分析结果,可以验证本设计的正确性。

2. DDC 的 ModelSim 仿真

(1) DDC 的 Verilog HDL 设计

根据 DDC 的实现框图,可以得到如下的 Verilog HDL 语言实现方案。NCO 部分通过直接数字频率合成(DDS)技术实现,乘法器和 FIR 滤波器均由 IP Core 实现。

① 设计方案:以 DDS、乘法器＋FIR 低通滤波器实现 DDC 功能。

② 模块说明:

ddc. v:调用 4 个子模块 clk、dds、mult 以及 fir,实现 DDC 算法。

clk. v:提供采样时钟。

dds. v:实现本振产生过程。

mult. v:实现乘法功能。

fir. v:实现 FIR 低通滤波器功能。

③ 详细设计:DDC 设计实例见附录 C.15。

附录 C.15

(2) DDC 测试向量 Testbench 设计

对系统初始化并将其复位后,输入预先生成的 16 位信号。为方便验证设计的正确性,这里的数据由 Matlab 生成。

DDC 功能测试向量 Testbench 设计实例见附录 C.16。

附录 C.16

(3) ModelSim 功能仿真

上述代码的 ModelSim 功能仿真结果如图 6-26 所示。

| /test_ddc/I_dk | 1'h0 | | | | | | | | | | | | | | | | | | | | | | |
|---|---|---|---|---|---|---|---|---|---|---|---|---|---|---|---|---|---|---|---|---|---|---|---|
| /test_ddc/I_rst_n | 1'h0 | | | | | | | | | | | | | | | | | | | | | | |
| /test_ddc/W_dk_30 | 1'h0 | | | | | | | | | | | | | | | | | | | | | | |
| /test_ddc/R_addra | 13'h0000 | 000a | 000b | 000c | 000d | 000e | 000f | 0010 | 0011 | 0... | 0013 | 0014 | 0015 | 0016 | 0... | 0018 | 0019 | 001a | 001b | 001c | 0... | 001e | 001f |
| /test_ddc/I_din | 16'h0000 | 5d4e | 7fbe | 678d | 1fd4 | c980 | 8c2f | 8406 | b4c4 | 0... | 579e | 7efc | 6c12 | 278d | d0e1 | 8fd5 | 8245 | ae69 | 0000 | 5196 | 7... | 7029 | 2f1e |
| /test_ddc/O_i | 8'd0 | 0 | | | | | | 2 | 6 | 15 | 29 | 45 | 58 | 68 | 75 | 79 | 81 | | 79 | 76 | 74 | | |
| /test_ddc/O_q | 8'd0 | 0 | | | | | | -1 | -2 | -4 | -7 | -9 | -10 | -5 | 4 | 14 | 21 | 27 | 31 | 36 | 41 | | |

**图 6-26  DDC 输出 ModelSim 功能仿真结果**

**3. Matlab 仿真与 ModelSim 功能仿真结果对比**

为进一步验证设计的正确性,将 ModelSim 功能仿真结果导出,与 Matlab 仿真结果相比较,如图 6-27 所示。可以看出两种仿真的结果在输出保持稳定后完全一致,由此验证了本设计的正确性。

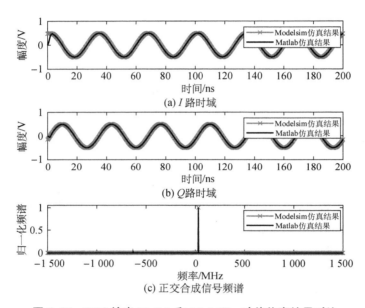

**图 6-27  DDC 输出 Matlab 和 ModelSim 功能仿真结果对比**

## 6.5  QAM 算法的设计实例

### 6.5.1  QAM 原理

随着通信产业的发展,调制方式的频带利用率和抗干扰性能越发得到关注。正交幅度调制(QAM)是一种幅度和相位联合键控,用两个正交的基带波形分别以幅度键控独立地传输两路数字信息。从星座图的角度分析,这种调制方式把幅度和相位参数结合起来,充分利用整个信号平面,有利于提升系统的噪声容限,减小误码率。

QAM 信号波形可以表示为

$$s(t)=\sum_{n}A_{n}g(t-nT_{s})\cos(\omega_{c}t+\theta_{n}) \tag{6.36}$$

式中，$g(t-nT_s)$ 是宽度为 $T_s$ 的基带码元信号，$A_n$ 可以看作幅移键控（ASK）部分，$\theta_n$ 为相移键控（PSK）部分。

QAM 信号的同相和正交分量可以独立地分别以 ASK 方式传输数字信号，其原理架构示意图如图 6-28 所示。

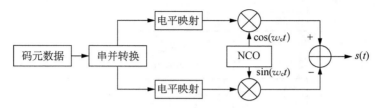

图 6-28　QAM 架构示意图

二进制码元数据经过串并转换从一路串行码元序列转变成两路并行的序列，奇数位码元进入 $I$ 路，偶数位码元进入 $Q$ 路，且速度均变成原来的一半。为了得到多进制的 QAM 信号，需将二进制信号转换为不同电平的信号，即将每 $n$ bit 数据按照既定的规则映射成 $2^n$ 个电平标准，根据不同的进制需求可以选择不同的映射方式，之后进行 $IQ$ 正交调制，最后将信号相加输出。

以 16QAM 为例，码元序列在分成 $I$ 路、$Q$ 路之后，进行 2/4 电平转换，每 2 bit 数据进行一次格雷码映射，从 00 到 11 分别映射至 $-3$、$-1$、$1$、$3$。至此 $I$ 路、$Q$ 路各有 4 种电平，取 $I$ 路电平为 $x$ 轴，取 $Q$ 路电平为 $y$ 轴，可以绘制出 16QAM 的星座图，如图 6-29 所示，经过调制相加即可得到最终的 16QAM 结果。

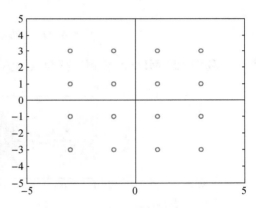

图 6-29　16QAM 星座图

## 6.5.2　QAM 设计实例

### 1. QAM 的 Matlab 仿真

（1）输入数据的产生

在 QAM 实例中，使用最长线性反馈移位寄存器序列（$m$ 序列）作为 QAM 的输入，3 级寄存器的 $m$ 序列循环 4 次，共 28 个码元数据，码元速率为 20 MHz，在 1 GHz 采样率下 QAM 输入信号如图 6-30 所示。

（2）QAM 的实现

根据前文理论，按照 16QAM 方式，通过串并转换、电平映射后的 $I$ 路、$Q$ 路信号如

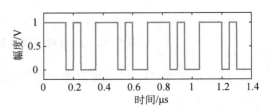

图 6-30　QAM 输入数据 Matlab 仿真图

图 6-31 所示。

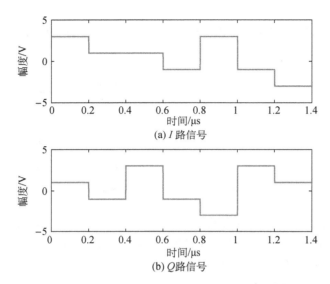

图 6-31　*I* 路、*Q* 路信号 Matlab 仿真图

利用 120 MHz 的载频进行调制，QAM 输出的时域波形和频域波形如图 6-32 所示。

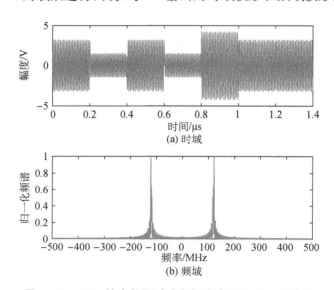

图 6-32　QAM 输出数据时域和频域波形 Matlab 仿真图

仿真结果中，QAM 输出以幅度和相位的变化携带信息，频谱集中在 120 MHz 处，符合设置的参数。

2. QAM 的 ModelSim 仿真

(1) QAM 的 Verilog HDL 设计

根据 QAM 的实现框图，可以得到如下的 Verilog 语言实现。

① 设计方案：通过寄存器实现串并转换和电平映射，乘法器和载波生成通过 IP Core 实现。

② 模块说明：

qam. v：调用 5 个子模块 div、s2p、dds、mult 和 adder，实现 QAM 算法。

div. v：实现时钟分频。

s2p. v：实现串并转换过程。

dds. v：实现载波产生过程。

mult. v：实现乘法功能。

adder. v：实现加法功能。

附录 C.17

③ 详细设计：QAM 设计实例见附录 C.17。

（2）QAM 测试向量的 Testbench 设计

对系统初始化并复位后，输入 $m$ 序列。

QAM 功能测试向量的 Testbench 设计实例见附录 C.18。

附录 C.18

（3）ModelSim 功能仿真

上述代码的 ModelSim 功能仿真结果如图 6-33 所示。

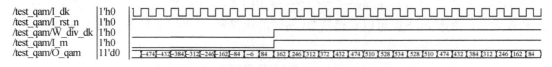

图 6-33　QAM 输出 ModelSim 功能仿真结果

3. Matlab 仿真与 ModelSim 功能仿真结果对比

为进一步验证设计的正确性，将 ModelSim 功能仿真结果导出，与 Matlab 仿真结果相比较，如图 6-34 所示。可以看出两种仿真的结果保持一致，由此验证了本设计的正确性。

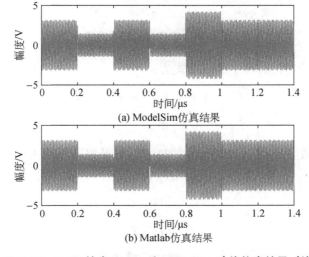

图 6-34　QAM 输出 Matlab 和 ModelSim 功能仿真结果对比

## 6.6 卷积码算法的设计实例

### 6.6.1 卷积码编码原理

在通信系统中,信道传输时由于不可避免的干扰和信号衰落,会导致接收端出现接收信号的错误,为了提高通信系统的可靠性,可利用信道编码进行信道纠错,因此信道编码是数字通信系统的重要组成部分。常用的纠错编码按照其码字结构形式对信息序列处理方式的不同可分为两大类:分组码和卷积码。在分组码的一个码组内,其监督码元仅与本码组内的信息码元相关,而卷积码则将一个码组内监督码元与信息码元的相关性从本码组内拓展到以前若干段时刻的码组,因此在译码时,不仅可以从本码组提取信息,还可以从以前的相关码组提取信息。在相同码率和设备复杂度的条件下,无论是理论还是实际都已证明卷积码的性能不比分组码差。

卷积码由 Elias 于 1955 年提出,对于卷积码$(n,k,m)$,在任意给定时刻,含有 $k$ 个比特的信息序列通过卷积编码后,输出码长为 $n$ 的码组,该时刻生成的码组不仅和当前时刻输入的 $k$ 个比特信息有关,还与之前连续 $m-1$ 个时刻输入信息序列有关,通常称 $m$ 为卷积码的约束长度。卷积码在编码过程中充分利用了码组之间的相关性,在选取较小的 $n$、$k$ 和较大的 $m$ 的情况下就可以获得简单、高效的纠错码,其编码原理图如图 6-35 所示。

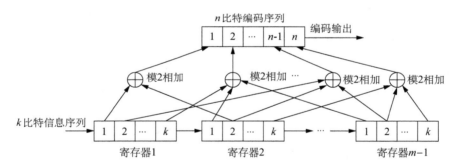

**图 6-35 卷积码编码原理图**

以卷积码$(2,1,7)$为例,其生成多项式为:

$$G_1 = 1 + x + x^2 + x^3 + x^6 \tag{6.37}$$

$$G_2 = 1 + x^2 + x^3 + x^5 + x^6 \tag{6.38}$$

对应的二进制数分别为 1111001 和 1011011,对于编码器输入序列 $U$,编码器输出端输出可表示为:

$$c^{(1)} = U \times G_1 \tag{6.39}$$

$$c^{(2)} = U \times G_2 \tag{6.40}$$

对于输入序列 $U = (u_1, u_2, \cdots, u_k)$,对应的输出序列为:

$$C = (c_1^{(1)},\ c_1^{(2)},\ c_2^{(1)},\ c_2^{(2)},\ \cdots,\ c_k^{(1)},\ c_k^{(2)}) \tag{6.41}$$

其中，$c_k^{(1)}$ 和 $c_k^{(2)}$ 是编码器输入比特为 $u_k$ 时对应的输出比特，以此规律构成输入序列 $U$ 对应的输出序列 $C$ 。

引入延时因子 $D$ ，表示编码过程中一个单位的延时，则输入序列可以表示为：

$$U(D) = \sum_{i=1}^{k} u_i D^{i-1} \tag{6.42}$$

相应地，卷积码的生成多项式可表示为：

$$G_1(D) = 1 + D + D^2 + D^3 + D^6 \tag{6.43}$$

$$G_2(D) = 1 + D^2 + D^3 + D^5 + D^6 \tag{6.44}$$

那么卷积码编码器每个输出端的输出可表示为：

$$c^{(1)} = U(D) \times G_1(D) \tag{6.45}$$

$$c^{(2)} = U(D) \times G_2(D) \tag{6.46}$$

卷积码的输出编码序列为：

$$C(D) = c^{(1)}(D^2) + D \times c^{(2)}(D^2) \tag{6.47}$$

若卷积码编码器的输入序列 $U = (1,0,0,0,0,0,1,0,0,1)$ ，即 $U(D) = 1 + D^6 + D^9$ ，则可得到输出结果为：

$$C(D) = 1 + D + D^2 + D^4 + D^5 + D^6 + D^7 + D^{11} + D^{14} + D^{16} + D^{17} \tag{6.48}$$

对应的编码序列 $C = (11,10,11,11,00,01,00,10,11,00)$ 。

## 6.6.2　卷积码编码设计实例

### 1. 卷积码编码的 Matlab 设计

在卷积码生成多项式的描述中，输入序列 $U = (1,0,0,0,0,0,1,0,0,1)$ ，得到的编码序列 $C = (11,10,11,11,00,01,00,10,11,00)$ ，下面仍然使用相同的输入序列，经过 Matlab 程序编码输出后可得到相同的编码序列，具体 Matlab 程序如下：

```
clear all;
close all;
clc;
bits=[1,0,0,0,0,0,1,0,0,1];
n=2;k=1;m=7;
ploy1=[1,1,1,1,0,0,1];
ploy2=[1,0,1,1,0,1,1];
reg=zeros(1,m);
bits_out=zeros(1,2* length(bits));
```

```
for i=1:length(bits)
    for j=1:m-1
        reg(m-j+1)=reg(m-j);
    end
    reg(1)=bits(i);
    bits_out(1,2* i-1)=mod(sum(ploy1.* reg),2);
    bits_out(1,2* i)=mod(sum(ploy2.* reg),2);
    end
```

**2. 卷积码编码的 ModelSim 仿真**

（1）卷积码编码的 Verilog HDL 实现

根据卷积码编码的原理框图，可得到(2,1,7)卷积码的 Verilog HDL 语言实现方案。输入序列 $U=(1,0,0,0,0,0,1,0,0,1)$，输出序列应当为 20 位的比特序列且与序列 $C$ 一致。

① 设计方案：将输入序列按比特延时输入，然后与代表生成多项式的数组按位相与，再将得到的数组逐位异或，得到输出比特流，即最终的结果。

② 模块说明：

conv.v：对输入比特进行卷积编码。

③ 详细设计：卷积码编码设计实例见附录 C.19。

（2）卷积码编码算法测试向量 Testbench 设计

对系统初始化并复位后，延时间间隔输入初始数据比特。

卷积码编码算法测试向量的 Testbench 设计实例见附录 C.20。

（3）ModelSim 功能仿真

上述代码的 ModelSim 功能仿真结果如图 6-36 所示。

附录 C.19

附录 C.20

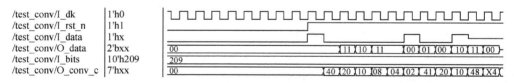

**图 6-36　(2,1,7)卷积码编码输出 ModelSim 功能仿真结果**

**3. Matlab 仿真与 ModelSim 功能仿真结果对比**

由图 6-36 可知，输入信息序列 $(1,0,0,0,0,0,1,0,0,1)$ 经过编码后得到的结果为 $(11,10,11,11,00,01,00,10,11,00)$，与 Matlab 仿真结果一致。

# 6.7　FPGA 开发应用流程

## 6.7.1　Matlab 在数字信号处理中的作用

数字信号处理是利用计算机或通用（专用）的信号处理设备，用数字的数值计算方法对信号进行处理,以达到提取有用信息并对信息进行应用的目的。目前数字信号处理技术已广泛应用于通信、电子信息、雷达、遥感、生物医学工程等多个领域。数字信号处理课程也成为通信类、电子类等专业的基础课程。由于数字信号处理的理论性和实践性都很强,且内容多、概念抽象、设计复杂,难以被理解掌握,因此,要求应用者有较强的数学基础和一定的计算机编程能力。Matlab 具有使用方便、编程简单、语言简练、运算高效、内容丰富,以及函数库可以任意扩充、绘图简便等优点,采用全新数据类型和面向对象编程技术,适用于信号领域的分析与处理。更重要的是,Matlab 除主包外,还包含许多功能各异的工具箱(Toolbox),这些工具箱用于解决各个领域的特定问题,如通信、控制系统、神经网络、信号处理、图像处理等领域。Matlab 信号处理工具箱(Signal Processing Toolbox)包含了许多由信号处理领域的权威专家编写的函数,这些函数可供直接调用,使编程更简单、快捷、稳健。数字信号处理的任务主要是对信号进行提取、存储、变换、滤波、估值、增强、压缩、识别等处理,Matlab 在信号处理中主要用于波形产生、谱分析、倒谱分析、统计信号处理、滤波器的设计和分析等。利用 Matlab 提供的信号处理有关函数和工具箱可方便地进行数字信号处理中的相关计算,并绘出图形,可以将教学内容中难以理解的抽象概念、公式和例题、习题中的结果用图形的方法直观地表示出来,避免了大量复杂的数学计算,节省了时间。应用者可在掌握数字信号处理的基本概念、基本理论与基本分析方法的前提下,运用 Matlab 科学计算工具来进行信号处理与分析,将注意力集中在对概念、原理的理解上,通过对结果进行分析加深对理论的理解,可取得较佳的学习效果。

Matlab 在雷达与通信数字信号处理系统的研究过程中也起到非常重要的作用,主要可以完成以下工作:

**1. 整体算法的仿真**

设计一个复杂的系统之前,一定要对算法进行仿真,以达到以下目的:

(1) 验证算法是否满足系统的性能要求;

(2) 根据算法选择系统硬件和软件设计方案;

(3) 根据硬件方案选择关键器件平台,包括 FPGA 平台或者 DSP、多核 CPU、GPU 平台等其他平台。

**2. 算法中各个关键节点的验证**

利用 Matlab 的信号处理工具箱,可以模块化地实现系统中所有的信号处理算法;可以方便地查看、验证各个模块之间的信号。

**3. ModelSim 仿真结果与 Matlab 仿真结果的对比**

将 Matlab 仿真与 ModelSim 的仿真结果进行对比,当处理位宽与节点信号一一对应时,Matlab 与 ModelSim 的仿真结果完全一致,可初步说明 FPGA 程序算法功能实现的正确性。

## 6.7.2　雷达通信信号处理中的 FPGA 设计流程

雷达/通信系统方案确定后,将需要实现的算法分解为基于 FPGA 平台的算法与基

于其他平台(DSP/GPU/CPU)的算法两部分,如图 6-37 所示:

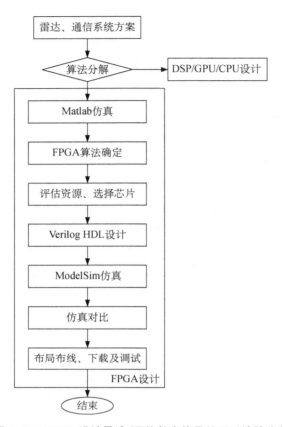

**图 6-37　FPGA 设计雷达/通信数字信号处理系统的流程**

其中,FPGA 设计雷达/通信数字信号处理系统的具体流程为:

1. Matlab 仿真

利用 Matlab 对 FPGA 需要实现的雷达/通信信号处理算法(如 FFT 算法、CFAR 算法等)进行仿真,此时 Matlab 仿真必须以 FPGA 的设计为主,即以 FPGA 内部的数据流的运算方式进行运算,根据 FPGA 实现算法的位宽、位宽取舍进行相应的仿真。

2. FPGA 算法确定

根据 Matlab 仿真的结果,确定 FPGA 具体实现的雷达/通信信号处理算法,包括具体数据流的运算方式、位宽选取等。

3. 评估资源、选择芯片

根据算法估计资源使用情况,主要包括乘法器资源、RAM 资源、引脚资源、内部逻辑资源、高速接口资源等,并合理选择相应的芯片。

具体选择芯片的准则:使用的资源占芯片资源的 50%～70%。

4. Verilog HDL 设计

进行具体的 Verilog HDL 代码的设计,以大规模 FPGA 开发的模块化设计为主,便于 ModelSim 仿真与 Matlab 仿真的对比。

### 5. ModelSim 仿真

对经过设计的源代码进行 ModelSim 仿真,合理设计仿真测试向量 Testbench,使其达到可以遍历设计中所有状态的程度。

### 6. 仿真对比

在各个信号处理模块节点对比 Matlab 与 ModelSim 仿真结果,保证 Matlab 与 ModelSim 仿真结果完全一致。

### 7. 布局布线、下载、调试

最后,将经过综合、布局布线后的文件下载到 FPGA 中,并进行调试。

上面的步骤,是理想的雷达/通信信号处理系统的设计流程,当其中某些步骤的仿真对比不符时,可能需要将前面的步骤重复执行,这里不再一一赘述,读者可以在实际工作和研究中揣摩、验证。

**思考题**

1. 匹配滤波器的横向滤波器结构如何用 FPGA 来实现? 用 Verilog HDL 语言又是如何设计的?
2. CFAR 算法的延迟单元在 FPGA 中是如何实现的? 用 Verilog HDL 语言又是如何设计的?
3. 在雷达/通信信号处理系统的设计中,为何要用 Matlab 与 ModelSim 进行仿真对比? 如不对比,结果会如何?
4. 为何需要设计测试向量 Testbench 代码?
5. Testbench 代码中时间精度是如何确定的?
6. FPGA 设计雷达/通信数字信号处理的流程是怎样的?

# 参考文献

［1］褚振勇,翁木云. FPGA 设计及应用[M]. 西安:西安电子科技大学出版社,2002.

［2］刘波. 精通 Verilog HDL 语言编程[M]. 北京:电子工业出版社,2007.

［3］刘韬,楼兴华. FPGA 数字电子系统设计与开发实例导航[M]. 北京:人民邮电出版社,2005.

［4］Sutherland S,Davidmann S,Flake P. System Verilog 硬件设计及建模[M]. 于敦山,韩临,何进,等译.北京:科学出版社,2007.

［5］夏宇闻. Verilog 数字系统设计教程[M]. 北京:北京航空航天大学出版社,2003.

［6］廖日坤. CPLD/FPGA 嵌入式应用开发技术白金手册[M]. 北京:中国电力出版社,2005.

［7］任晓东,文博. CPLD/FPGA 高级应用开发指南[M]. 北京:电子工业出版社,2003.

［8］紫光同创. Logos 系列 FPGA 算术处理模块(APM)用户指南 UG020003. 2021.

［9］紫光同创. Logos 系列 FPGA 器件数据手册 DS02001. 2022.

［10］紫光同创. Compact 系列 CPLD 器件数据手册 DS03001. 2020.

［11］紫光同创. Titan2 系列 FPGA 器件数据手册 DS05001. 2021.

［12］紫光同创. Logos2 系列 FPGA 器件数据手册 DS04001. 2022.

［13］紫光同创. Pango Power Calculator User Guide. 2022.

［14］紫光同创. Fabric Debugger User Guide. 2022.

［15］紫光同创. IP Compiler User Guide. 2022.

［16］紫光同创. Pango Design Suite Quick Start Tutorial. 2022.

［17］紫光同创. Compact 系列 CPLD 可配置逻辑模块(CLM)用户指南 UG030001. 2020.

［18］田耘,徐文波. Xilinx FPGA 开发实用教程[M]. 北京:清华大学出版社,2008.

［19］云创工作室. Verilog HDL 程序设计与实践[M]. 北京:人民邮电出版社,2009.

［20］紫光同创. Titan 系列产品概述. 2022.

［21］紫光同创. PGT80H 产品数据手册 DS01001. 2020.

［22］紫光同创. Compact 系列 CPLD 嵌入式硬核用户指南 UG030007. 2020.

［23］紫光同创. Compact 系列 CPLD 开发软件用户指南 UG030010. 2020.

［24］紫光同创. Compact 系列 CPLD 输入输出接口(IO)用户指南 UG030005. 2020.

［25］朱晓华. 雷达信号分析与处理[M]. 北京:国防工业出版社,2011.

［26］董刚. 数字滤波器在数字信号处理中的应用设计[J]. 信息技术,2008,32(6):132-134.

［27］姜颖韬. 基于 DSP 的 IIR 滤波器设计与仿真［J］. 科协论坛（下半月），2008（6）：
44-45.

［28］罗军辉,罗勇江,白义臣,等. MATLAB 7.0 在数字信号处理中的应用［M］. 北京：机械工业出版社,2005.

［29］纪志成,高春能,吴定会. FPGA 数字信号处理设计教程：System Generator 入门与提高［M］. 西安：西安电子科技大学出版社,2008.

［30］汪莉君,罗丰,吴顺君. 一种 MTD 的优化设计及实际应用［J］. 火控雷达技术,2005,34（1）：9-12.

［31］吴顺君,梅晓春. 雷达信号处理和数据处理技术［M］. 北京：电子工业出版社,2008.

［32］祝本玉,毕大平,王正. 两类典型的 CFAR 检测器性能仿真［J］. 舰船电子对抗,2008,31（2）：64-68.

［33］李杰,张猛,邢笑雪. 信号处理 MATLAB 实验教程［M］. 北京：北京大学出版社,2009.

［34］于斌,米秀杰. ModelSim 电子系统分析及仿真［M］. 北京：电子工业出版社,2011.

［35］Pedroni V A. VHDL 数字电路设计教程［M］. 乔庐峰,王志功,等译. 北京：电子工业出版社,2005.

［36］蒋立平. 数字逻辑电路与系统设计［M］. 北京：电子工业出版社,2008.

［37］紫光同创. Compact 系列 CPLD 嵌入式硬核用户指南 UG030007. 2020.

［38］陈曦,邱志成,张鹏,等. 基于 Verilog HDL 的通信系统设计［M］. 北京：中国水利水电出版社,2009.

［39］Haskell R E,Hanna D M. FPGA 数字逻辑设计教程：Verilog［M］. 郑利浩,王荃,陈华锋,译.北京：电子工业出版社,2010.

［40］紫光同创. Compact 系列 CPLD 专用 RAM 模块（DRM）用户指南 UG030002. 2020.

［41］张雄伟,曹铁勇. DSP 芯片的原理与开发应用［M］. 2 版. 北京：电子工业出版社,2000.

［42］杨小牛,楼才义,徐建良. 软件无线电原理与应用［M］. 北京：电子工业出版社,2001.

［43］刘笃仁,杨万海. 在系统可编程技术及其器件原理与应用［M］. 西安：西安电子科技大学出版社,1999.

［44］张志涌. 精通 MATLAB 6.5 版［M］. 北京：北京航空航天大学出版社,2003.

［45］王世一. 数字信号处理［M］. 2 版. 北京：北京理工大学出版社,1997.

［46］罗苑棠. CPLD/FPGA 常用模块与综合系统设计实例精讲［M］. 北京：电子工业出版社,2007.

［47］李洪涛、朱晓华、顾陈. Verilog HDL 与 FPGA 开发设计及应用［M］. 北京：国防工业出版社,2013.

# 附　录